金榜时代
GLISTIME 明德·弘毅·惟精
考研数学系列

金榜时代考研数学书课——上岸学习包

高等数学

解 题 密 码

选 填 题

编著 ◎ 武忠祥（西安交通大学）

中国农业出版社
CHINA AGRICULTURE PRESS

·北京·

图书在版编目(CIP)数据

高等数学解题密码. 选填题/武忠祥编著. —北京：
中国农业出版社，2022.8(2025.6 重印)
(金榜时代考研数学系列)
ISBN 978-7-109-29808-8

Ⅰ. ①高… Ⅱ. ①武… Ⅲ. ①高等数学－研究生－入
学考试－题解 Ⅳ. ①O13-44

中国版本图书馆 CIP 数据核字(2022)第 141203 号

高等数学解题密码. 选填题
GAODENG SHUXUE JIETI MIMA. XUANTIANTI

中国农业出版社出版
地址：北京市朝阳区麦子店街 18 号楼
邮编：100125
责任编辑：吕　睿
责任校对：吴丽婷
印刷：正德印务(天津)有限公司
版次：2022 年 8 月第 1 版
印次：2025 年 6 月天津第 4 次印刷
发行：新华书店北京发行所
开本：787mm×1092mm　1/16
印张：10.5
字数：230 千字
定价：49.80 元

前言
FOREWORD

考研数学按考试卷种可分为:数学一、数学二、数学三。近几年各卷种都是 22 道题,总共 150 分。其中,选择题 10 道,每题 5 分;填空题 6 道,每题 5 分。可见,选择题和填空题(简称选填题)在考研数学试卷中的分数占比很高。做好选填题对考研数学得高分有很重要的作用。本书对考研数学中高等数学部分的选填题进行了深入分析,总结命题特点,归纳选填题的解题技巧。

考研数学选择题都是单选题,主要分为三种类型:计算型、概念型、复合型。填空题主要是计算型。计算型题主要考查考生对基本计算方法的掌握程度和运算能力。概念型题主要考查同学们对基本概念的理解、对概念的运用,以及对基本性质、定理、方法的条件及结论的掌握。复合型题同时考查分析、比较、判断和推理的能力。从历届考试结果来看,选填题丢分很严重。原因有两方面:

一方面,题目不简单。考研数学重基础,但基础不等同于简单。选填题所考知识点都属于基础内容,但题目还是有一定难度的。

另一方面,同学们往往容易眼高手低,只看书、只听课,不做题、不思考、不总结。往往看到题,有似曾相识的感觉,觉得应该会做,就放过,没有真正动手解题。错误的原因一般在细节处,没有完整解题是不能体会的。如果考生缺乏训练,做选填题就会花费大量时间,从而导致考试时间不够。

本书内容主要是选填题,有精选的例题,还有对应的练习题。书中总结了各类知识点的题目类型、出题方式、解题方法与技巧。这些做题技巧是蕴含在基本功里面的。如果没有掌握概念的内涵,这些技巧也属空中楼阁。

书中大部分例题的第一个解题方法都是直接法,即由条件出发,运用相关知识,直接分析、推导或计算出结果。计算型题一般都用这种方法解题,其他题也常用这种方法,这是最基本、最常用、最重要的方法。

其他解法是结合题目的特点使用技巧的解法,常见的有:排除法、反例法、特例法(特值法)、反证法、数形结合法。

另外,一些题后附有注,其目的在于帮助考生们弄清重点、难点、知识结合点以及解本类题的基本方法和注意事项。

希望本书能对考生们的复习备考有所帮助。由于编者水平有限,疏漏之处在所难免,欢迎批评指正。

编者

目录
CONTENTS

第一章 函数 极限 连续

一、函数及其性质

常用结论

1. **单调性的判定**

   （1）利用定义；

   （2）利用导数：设 $f(x)$ 在区间 I 上可导，则

   ① $f'(x) > 0(< 0) \Rightarrow f(x)$ 在区间 I 上单调递增（单调递减）；

   ② $f'(x) \geqslant 0(\leqslant 0) \Leftrightarrow f(x)$ 在区间 I 上单调不减（单调不增）.

2. **奇偶性的判定**

   （1）利用定义；

   （2）利用导数：设 $f(x)$ 可导，则

   ① $f(x)$ 是奇函数 $\Rightarrow f'(x)$ 是偶函数.

   ② $f(x)$ 是偶函数 $\Rightarrow f'(x)$ 是奇函数.

   ③ 连续的奇函数其原函数都是偶函数；

   连续的偶函数其原函数之一是奇函数.

   【注】 设 $f(x)$ 连续，

   （1）若 $f(x)$ 是奇函数，则 $\int_a^x f(t)\mathrm{d}t$ 是偶函数；

   （2）若 $f(x)$ 是偶函数，则 $\int_0^x f(t)\mathrm{d}t$ 是奇函数.

3. **周期性的判定**

   （1）利用定义；

   （2）可导的周期函数，其导函数为周期函数；

   （3）周期函数的原函数是周期函数的充要条件是其在一个周期上的积分为零.

   【注】 设 $f(x)$ 连续且以 T 为周期，则 $F(x) = \int_0^x f(t)\mathrm{d}t$ 是以 T 为周期的周期函数的充要条件是 $\int_0^T f(x)\mathrm{d}x = 0$.

4. **有界性的判定**

   （1）利用定义；

   （2）$f(x)$ 在 $[a,b]$ 上连续 $\Rightarrow f(x)$ 在 $[a,b]$ 上有界；

   （3）$f(x)$ 在 (a,b) 上连续，且 $f(a^+)$ 和 $f(b^-)$ 存在 $\Rightarrow f(x)$ 在 (a,b) 上有界；

(4) $f'(x)$ 在有限区间 I 上有界 $\Rightarrow f(x)$ 在 I 上有界.

【注】 (3) 中的区间 (a,b) 改为无穷区间 $(-\infty,b),(a,+\infty),(-\infty,+\infty)$,结论仍成立.

例 1 (1995 年 3) 设 $f(x)$ 在 $(-\infty,+\infty)$ 内可导,且对任意 x_1,x_2,当 $x_1 > x_2$ 时,都有 $f(x_1) > f(x_2)$,则( )

(A) 对任意 x,有 $f'(x) > 0$. (B) 对任意 x,有 $f'(-x) \leqslant 0$.

(C) 函数 $f(-x)$ 单调增加. (D) 函数 $-f(-x)$ 单调增加.

【答案】 D

【分析一】 几何法

由题设知 $f(x)$ 单调递增,又 $y=f(x)$ 与 $y=f(-x)$ 的图形关于 y 轴对称,则 $f(-x)$ 单调递减.又 $y=f(-x)$ 与 $y=-f(-x)$ 的图形关于 x 轴对称,则 $y=-f(-x)$ 单调递增,故应选(D).

【分析二】 分析法

由题可知,对于任意 x_1,x_2,当 $x_1 > x_2$ 时,$-x_1 < -x_2$,则 $f(-x_1) < f(-x_2)$,即
$$-f(-x_1) > -f(-x_2).$$
由函数单调性定义知,$-f(-x)$ 单调递增,故选(D).

【分析三】 排除法

令 $f(x)=x^3$,显然满足题设条件,而 $f'(x)=3x^2 \geqslant 0$,$f'(-x)=3x^2 \geqslant 0$,则排除(A)和(B),$f(-x)=-x^3$ 单调递减,排除(C),故应选(D).

【注】 本题中用到一个常用的结论:
$y=f(x)$ 与 $y=f(-x)$ 的图形关于 y 轴对称;
$y=f(x)$ 与 $y=-f(x)$ 的图形关于 x 轴对称.

例 2 (2002 年 2) 设函数 $f(x)$ 连续,则下列函数中,必为偶函数的是( )

(A) $\int_0^x f(t^2)\,dt$. (B) $\int_0^x f^2(t)\,dt$.

(C) $\int_0^x t[f(t)-f(-t)]\,dt$. (D) $\int_0^x t[f(t)+f(-t)]\,dt$.

【答案】 D

【分析一】 直接法

由于 $f(t)+f(-t)$ 为偶函数,则 $t[f(t)+f(-t)]$ 为奇函数,从而
$$\int_0^x t[f(t)+f(-t)]\,dt$$
必为偶函数,故应选(D).

【分析二】 排除法

令 $f(x)=1$,则排除(A)和(B).若令 $f(x)=x$,则
$$\int_0^x t[f(t)-f(-t)]\,dt = \int_0^x 2t^2\,dt = \frac{2}{3}x^3,$$
排除(C),故应选(D).

例 3 设奇函数 $f(x)$ 在 $(-\infty,+\infty)$ 内连续,且 $\lim\limits_{x\to\infty}\dfrac{f(x)}{x}=a\neq 0$,则在 $(-\infty,+\infty)$ 内 $F(x)=e^{-x^2}\int_0^x (x-2t)f(t)\,dt$ 是( )

(A) 有界的偶函数.　　　　　　　(B) 无界的偶函数.

(C) 有界的奇函数.　　　　　　　(D) 无界的奇函数.

【答案】　C

【分析一】　**直接法**

由于 $\int_0^x (x-2t)f(t)\mathrm{d}t = x\int_0^x f(t)\mathrm{d}t - 2\int_0^x tf(t)\mathrm{d}t$. 又 $f(x)$ 为奇函数,则 $\int_0^x (x-2t)f(t)\mathrm{d}t$

为奇函数,从而 $F(x) = \mathrm{e}^{-x^2}\int_0^x (x-2t)f(t)\mathrm{d}t$ 为奇函数.

$$
\begin{aligned}
\lim_{x\to\infty} F(x) &= \lim_{x\to\infty} \frac{x\int_0^x f(t)\mathrm{d}t - 2\int_0^x tf(t)\mathrm{d}t}{\mathrm{e}^{x^2}} \\
&= \lim_{x\to\infty} \frac{\int_0^x f(t)\mathrm{d}t + xf(x) - 2xf(x)}{2x\mathrm{e}^{x^2}} \\
&= \lim_{x\to\infty} \frac{\int_0^x f(t)\mathrm{d}t}{2x\mathrm{e}^{x^2}} - \frac{1}{2}\lim_{x\to\infty} \frac{f(x)}{x} \cdot \frac{x}{\mathrm{e}^{x^2}} \\
&= \lim_{x\to\infty} \frac{f(x)}{2\mathrm{e}^{x^2} + 4x^2\mathrm{e}^{x^2}} - 0 \\
&= 0.
\end{aligned}
$$

又 $F(x)$ 在 $(-\infty, +\infty)$ 上连续,则 $F(x)$ 在 $(-\infty, +\infty)$ 上有界,故应选(C).

【分析二】　**排除法**

令 $f(x) = ax$,则

$$
F(x) = \mathrm{e}^{-x^2}\int_0^x (x-2t)at\,\mathrm{d}t = a\mathrm{e}^{-x^2}\left(-\frac{x^3}{6}\right)
$$

为奇函数,且

$$
\lim_{x\to\infty} a\mathrm{e}^{-x^2}\left(-\frac{x^3}{6}\right) = -\frac{a}{6}\lim_{x\to\infty}\frac{x^3}{\mathrm{e}^{x^2}} = 0,
$$

则该函数在 $(-\infty, +\infty)$ 有界,排除(A)(B)(D). 故应选(C).

【注】　本题用到一个常用的结论:

若 $f(x)$ 在 $(-\infty, +\infty)$ 上连续,且 $\lim\limits_{x\to\infty} f(x)$ 存在,则 $f(x)$ 在 $(-\infty, +\infty)$ 内有界.

例 **4**　(2022 年 3) 已知函数 $f(x) = \mathrm{e}^{\sin x} + \mathrm{e}^{-\sin x}$,则 $f'''(2\pi) = $ _____.

【答案】　0

【分析一】　由 $f(x) = \mathrm{e}^{\sin x} + \mathrm{e}^{-\sin x}$ 可知, $f(x)$ 为偶函数且 2π 为 $f(x)$ 的周期.则 $f'(x)$ 为奇函数, $f''(x)$ 为偶函数, $f'''(x)$ 为奇函数,且 2π 为 $f'''(x)$ 的周期,则

$$
f'''(2\pi) = f'''(0) = 0.
$$

【分析二】　由 $f(x) = \mathrm{e}^{\sin x} + \mathrm{e}^{-\sin x}$ 知, 2π 为 $f(x)$ 的周期,则 2π 为 $f'''(x)$ 的周期,

$$
f'''(2\pi) = f'''(0).
$$

又 $f(x)$ 为偶函数,则其在 $x = 0$ 处的泰勒展开式中只有偶次项,没有奇次项,从而

$$
f'''(0) = 0.
$$

例 5 （2024 年 1）已知函数 $f(x) = \int_0^x e^{\cos t} dt, g(x) = \int_0^{\sin x} e^{t^2} dt$，则（　　）

(A)$f(x)$ 是奇函数，$g(x)$ 是偶函数.　　(B)$f(x)$ 是偶函数，$g(x)$ 是奇函数.

(C)$f(x)$ 与 $g(x)$ 均为奇函数.　　(D)$f(x)$ 与 $g(x)$ 均为周期函数.

【答案】 C

【分析】 由于 $e^{\cos t}$ 为偶函数，则 $f(x) = \int_0^x e^{\cos t} dt$ 为奇函数；由于 e^{t^2} 为偶函数，则 $h(x) = \int_0^x e^{t^2} dt$ 为奇函数，而 $g(x) = h(\sin x)$ 为两个奇函数的复合，则必为奇函数，故应选(C).

例 6 设 $F(x) = \int_{-2\pi}^x (e^{\sin t} - e^{-\sin t}) dt$，则 $F(2\pi) + F^{(5)}(2\pi) = $ _____.

【答案】 0

【分析】 由于 $e^{\sin t} - e^{-\sin t}$ 是奇函数，则 $F(x)$ 是偶函数. 又 $e^{\sin t} - e^{-\sin t}$ 以 2π 为周期，且

$$\int_{-\pi}^{\pi} (e^{\sin t} - e^{-\sin t}) dt = 0,$$

则 $F(x) = \int_{-2\pi}^x (e^{\sin t} - e^{-\sin t}) dt$ 以 2π 为周期，

$$F(2\pi) = \int_{-2\pi}^{2\pi} (e^{\sin t} - e^{-\sin t}) dt = 0,$$
$$F^{(5)}(2\pi) = F^{(5)}(0) = 0.$$

故填 0.

例 7 设 $f(x)$ 连续且以 T 为周期，则（　　）

(A)$f'(x)$ 是以 T 为周期的周期函数.

(B)$\int_0^x f(t) dt$ 是以 T 为周期的周期函数.

(C)若 $\lim\limits_{x \to +\infty} \dfrac{\int_0^x f(t) dt}{x} = 0$，则 $\lim\limits_{x \to +\infty} f(x) = 0$.

(D)若 $\lim\limits_{x \to +\infty} \dfrac{\int_0^x f(t) dt}{x} = 0$，则 $f(x)$ 的原函数是以 T 为周期的周期函数.

【答案】 D

【分析一】 直接法

由 $f(x)$ 连续且以 T 为周期可知，

$$\lim\limits_{x \to +\infty} \dfrac{\int_0^x f(t) dt}{x} = \dfrac{\int_0^T f(x) dx}{T}.$$

又 $\lim\limits_{x \to +\infty} \dfrac{\int_0^x f(t) dt}{x} = 0$，则 $\int_0^T f(x) dx = 0$，由此可知 $f(x)$ 的所有原函数都是以 T 为周期的周期函数，故应选(D).

【分析二】 排除法

若令 $f(x) = |\sin x|$，则 $f(x)$ 连续且以 π 为周期，但 $f'(0)$ 不存在，则排除(A).此时设

$F(x) = \int_0^x |\sin t| \, dt$，则 $F(0) = 0$，$F(\pi) = \int_0^\pi \sin t \, dt = 2$，$F(0) \neq F(\pi)$，排除(B).

若令 $f(x) = \sin x$，则 $f(x)$ 连续且以 2π 为周期，

$$\lim_{x \to +\infty} \frac{\int_0^x f(t) \, dt}{x} = \frac{\int_0^{2\pi} \sin t \, dt}{2\pi} = 0,$$

但 $\lim\limits_{x \to +\infty} \sin x$ 不存在，则排除(C)，故应选(D).

> 【注】 本题中用到两个常用的结论：
>
> (1) 若 $f(x)$ 连续且以 T 为周期，则 $\lim\limits_{x \to +\infty} \dfrac{\int_0^x f(t) \, dt}{x} = \dfrac{\int_0^T f(x) \, dx}{T}$；
>
> (2) 若 $f(x)$ 连续且以 T 为周期，则 $f(x)$ 的原函数是以 T 为周期的周期函数的充要条件是
> $$\int_0^T f(x) \, dx = 0.$$

例 8 (2005 年 3) 以下四个命题中，正确的是（　　）

(A) 若 $f'(x)$ 在 $(0,1)$ 内连续，则 $f(x)$ 在 $(0,1)$ 内有界.

(B) 若 $f(x)$ 在 $(0,1)$ 内连续，则 $f(x)$ 在 $(0,1)$ 内有界.

(C) 若 $f'(x)$ 在 $(0,1)$ 内有界，则 $f(x)$ 在 $(0,1)$ 内有界.

(D) 若 $f(x)$ 在 $(0,1)$ 内有界，则 $f'(x)$ 在 $(0,1)$ 内有界.

【答案】 C

【分析一】 **直接法**

由于 $f'(x)$ 在有限区间 $(0,1)$ 内有界，则 $f(x)$ 在 $(0,1)$ 内有界，故应选(C).

【分析二】 **排除法**

若令 $f(x) = \dfrac{1}{x}$，则 $f'(x) = -\dfrac{1}{x^2}$. 显然 $f(x)$ 和 $f'(x)$ 都在 $(0,1)$ 内连续，但 $f(x) = \dfrac{1}{x}$ 在 $(0,1)$ 内无界，则排除(A)(B).

若令 $f(x) = \sqrt{x}$，则 $f'(x) = \dfrac{1}{2\sqrt{x}}$，其中 $f(x)$ 在 $(0,1)$ 内有界，但 $f'(x) = \dfrac{1}{2\sqrt{x}}$ 在 $(0,1)$ 内无界，则排除(D)，故应选(C).

> 【注】 本题用到一个常用的结论：
> 若在有限区间 I 上 $f'(x)$ 有界，则 $f(x)$ 在 I 上有界.

例 9 (2005 年 1,2) 设 $F(x)$ 是连续函数 $f(x)$ 的一个原函数，"$M \Leftrightarrow N$"表示"M 的充分必要条件是 N"，则必有（　　）

(A) $F(x)$ 是偶函数 $\Leftrightarrow f(x)$ 是奇函数.　　(B) $F(x)$ 是奇函数 $\Leftrightarrow f(x)$ 是偶函数.

(C) $F(x)$ 是周期函数 $\Leftrightarrow f(x)$ 是周期函数.　　(D) $F(x)$ 是单调函数 $\Leftrightarrow f(x)$ 是单调函数.

【答案】 A

【分析一】 **直接法**

若 $F(x)$ 为偶函数，由于 $f(x) = F'(x)$，则 $f(x)$ 为奇函数. 反之，若 $f(x)$ 为奇函数，则其所有原函数都为偶函数，从而 $F(x)$ 必为偶函数，故选(A).

【分析二】 排除法

令 $f(x)=x^2, F(x)=\dfrac{1}{3}x^3+1$. 显然 $f(x)$ 是偶函数,但 $F(x)$ 不是奇函数,则排除(B).

令 $f(x)=\cos x+1, F(x)=\sin x+x$. 显然 $f(x)$ 是周期函数,但 $F(x)$ 不是周期函数,则排除(C).

令 $f(x)=x, F(x)=\dfrac{1}{2}x^2$. 显然 $f(x)$ 单调,但 $F(x)$ 不单调,则排除(D),故应选(A).

【注】 本题用到两个常用的结论:

(1) 连续的奇函数的原函数都是偶函数,连续的偶函数的原函数之一为奇函数.

(2) 可导的奇函数其导函数为偶函数,可导的偶函数其导函数是奇函数.

练习题

1. (2004 年 1,2) 设函数 $f(x)$ 连续,且 $f'(0)>0$,则存在 $\delta>0$,使得( )

(A) $f(x)$ 在 $(0,\delta)$ 内单调增加. (B) $f(x)$ 在 $(-\delta,0)$ 内单调减少.

(C) 对任意的 $x\in(0,\delta)$ 有 $f(x)>f(0)$. (D) 对任意的 $x\in(-\delta,0)$ 有 $f(x)>f(0)$.

2. (2020 年 3) 设奇函数 $f(x)$ 在 $(-\infty,+\infty)$ 上具有连续导数,则( )

(A) $\displaystyle\int_0^x[\cos f(t)+f'(t)]\mathrm{d}t$ 是奇函数. (B) $\displaystyle\int_0^x[\cos f(t)+f'(t)]\mathrm{d}t$ 是偶函数.

(C) $\displaystyle\int_0^x[\cos f'(t)+f(t)]\mathrm{d}t$ 是奇函数. (D) $\displaystyle\int_0^x[\cos f'(t)+f(t)]\mathrm{d}t$ 是偶函数.

3. (2024 年 2) 已知函数 $f(x)=\displaystyle\int_0^{\sin x}\sin t^3\,\mathrm{d}t, g(x)=\displaystyle\int_0^x f(t)\,\mathrm{d}t$,则( )

(A) $f(x)$ 是奇函数,$g(x)$ 是奇函数. (B) $f(x)$ 是奇函数,$g(x)$ 是偶函数.

(C) $f(x)$ 是偶函数,$g(x)$ 是偶函数. (D) $f(x)$ 是偶函数,$g(x)$ 是奇函数.

4. 设 $F(x)=\displaystyle\int_0^{\sin x}(\sin x-2t)\mathrm{e}^{t^4}\,\mathrm{d}t$,则 $F'''(2\pi)=$ _____.

5. (1999 年 1,2,3) 设 $f(x)$ 是连续函数,$F(x)$ 是 $f(x)$ 的原函数,则( )

(A) 当 $f(x)$ 是奇函数时,$F(x)$ 必是偶函数.

(B) 当 $f(x)$ 是偶函数时,$F(x)$ 必是奇函数.

(C) 当 $f(x)$ 是周期函数时,$F(x)$ 必是周期函数.

(D) 当 $f(x)$ 是单调增函数时,$F(x)$ 必是单调增函数.

6. (2004 年 3) 函数 $f(x) = \dfrac{|x|\sin(x-2)}{x(x-1)(x-2)^2}$ 在下列哪个区间内有界(　　)

(A)$(-1,0)$.　　　　(B)$(0,1)$.　　　　(C)$(1,2)$.　　　　(D)$(2,3)$.

7. 设 $f(x)$ 在区间 $[a,+\infty)$ 上连续,则 $\lim\limits_{x\to+\infty} f(x) = A$(常数)是 $f(x)$ 在 $[a,+\infty)$ 上有界的(　　)

(A) 充分必要条件.　　　　　　　　(B) 必要条件但非充分条件.

(C) 充分条件但非必要条件.　　　　(D) 既非充分也非必要条件.

8. $\lim\limits_{x\to+\infty} \dfrac{\displaystyle\int_0^x |\sin t|\,\mathrm{d}t + |\sin x|\arctan x}{x} = \underline{\qquad}$.

答案

1. C;　2. A;　3. D;　4. 0;　5. A;　6. A;　7. C;　8. $\dfrac{2}{\pi}$.

二、极限的概念、性质、存在准则与计算

常用结论

1. **数列极限概念**

$\lim\limits_{n\to\infty} a_n = a$: $\forall \varepsilon > 0$, $\exists N > 0$, 当 $n > N$ 时,有 $|a_n - a| < \varepsilon$.

2. **数列极限性质**

(1) 有界性.

如果数列 $\{x_n\}$ 收敛,那么数列 $\{x_n\}$ 一定有界.

(2) 保号性.

设 $\lim\limits_{n\to\infty} x_n = A$,

① 如果 $A > 0$(或 $A < 0$),则存在 $N > 0$,当 $n > N$ 时, $x_n > 0$(或 $x_n < 0$);

② 如果存在 $N > 0$,当 $n > N$ 时, $x_n \geqslant 0$(或 $x_n \leqslant 0$),则 $A \geqslant 0$(或 $A \leqslant 0$).

(3) 绝对值.

① 若 $\lim\limits_{n\to\infty} x_n = a$,则 $\lim\limits_{n\to\infty} |x_n| = |a|$,但反之不成立;

② $\lim\limits_{n\to\infty} x_n = 0$ 的充分必要条件是 $\lim\limits_{n\to\infty} |x_n| = 0$.

3. **数列极限存在准则**

(1) 夹逼准则:若 $x_n \leqslant y_n \leqslant z_n$,且 $\lim\limits_{n\to\infty} x_n = \lim\limits_{n\to\infty} z_n = a$,则 $\lim\limits_{n\to\infty} y_n = a$.

(2) 单调有界准则:单调有界数列必有极限. 即单调增(减)有上(下)界的数列必有极限.

4. **求极限常用方法(9 种)**

(1) 利用基本极限求极限;

(2) 利用有理运算法则求极限;

(3) 利用等价无穷小代换求极限;

(4) 利用洛必达法则求极限;

(5) 利用泰勒公式求极限;

(6) 利用夹逼准则求极限;

(7) 利用单调有界准则求极限;

(8) 利用定积分定义求极限;

(9) 利用中值定理求极限.

例 1 (2014 年 3) 设 $\lim\limits_{n\to\infty} a_n = a$,且 $a \neq 0$,则当 n 充分大时有(   )

(A) $|a_n| > \dfrac{|a|}{2}$.   (B) $|a_n| < \dfrac{|a|}{2}$.   (C) $a_n > a - \dfrac{1}{n}$.   (D) $a_n < a + \dfrac{1}{n}$.

【答案】 A

【分析一】 直接法

由 $\lim\limits_{n\to\infty} a_n = a$,且 $a \neq 0$ 知,$\lim\limits_{n\to\infty} |a_n| = |a| > 0$,则当 n 充分大时有

$$|a_n| > \dfrac{|a|}{2}.$$

故应选(A).

【分析二】 排除法

若取 $a_n = 1 + \dfrac{2}{n}$,显然 $a = 1$,且(B)和(D)都不正确;

若取 $a_n = 1 - \dfrac{2}{n}$,显然 $a = 1$,且(C)不正确.

故应选(A).

例 2 (2022 年 3) 已知 $a_n = \sqrt[n]{n} - \dfrac{(-1)^n}{n}$ $(n = 1, 2, \cdots)$,则 $\{a_n\}$(   )

(A) 有最大值,有最小值.   (B) 有最大值,没有最小值.

(C) 没有最大值,有最小值.   (D) 没有最大值,没有最小值.

【答案】 A

【分析】 由于

$$\lim\limits_{n\to\infty} a_n = \lim\limits_{n\to\infty} \sqrt[n]{n} - \lim\limits_{n\to\infty} \dfrac{(-1)^n}{n} = 1 - 0 = 1.$$

且 $a_1 = 1 + 1 = 2 > 1$,$a_2 = \sqrt{2} - \dfrac{1}{2} < 1$,则由数列极限定义可知,存在正整数 N,当 $n > N$ 时

$$a_2 < a_n < a_1.$$

而 $a_1, a_2, \cdots, a_N$ 中必有最大值和最小值,分别设为 M 和 m,则对一切的 n,

$$m \leqslant a_n \leqslant M.$$

即 $\{a_n\}$ 有最大值也有最小值,故应选(A).

例 3 已知数列 $\{a_n\}$ 单调减,$\{b_n\}$ 单调增,且 $\lim\limits_{n\to\infty}(a_n - b_n) = 0$,则(   )

(A) $\{a_n\}$ 收敛,$\{b_n\}$ 不收敛.   (B) $\{a_n\}$ 不收敛,$\{b_n\}$ 收敛.

(C) $\{a_n\}$,$\{b_n\}$ 都收敛,但 $\lim\limits_{n\to\infty} a_n \neq \lim\limits_{n\to\infty} b_n$.   (D) $\{a_n\}$,$\{b_n\}$ 都收敛,且 $\lim\limits_{n\to\infty} a_n = \lim\limits_{n\to\infty} b_n$.

【答案】 D

【分析一】 直接法

由 $\lim\limits_{n\to\infty}(a_n-b_n)=0$ 可知,数列 $\{a_n-b_n\}$ 有界,即存在实数 $M>0$,使

$$-M\leqslant a_n-b_n\leqslant M.$$

又 $\{a_n\}$ 单调减,$\{b_n\}$ 单调增,从而有

$$a_n\geqslant -M+b_n\geqslant -M+b_1,$$

即 $\{a_n\}$ 单调减有下界,从而 $\lim\limits_{n\to\infty}a_n$ 存在,此时

$$\lim_{n\to\infty}b_n=\lim_{n\to\infty}[a_n-(a_n-b_n)]=\lim_{n\to\infty}a_n-\lim_{n\to\infty}(a_n-b_n)=\lim_{n\to\infty}a_n.$$

故应选(D).

【分析二】 排除法

若 $\{a_n\}$ 收敛,则

$$\lim_{n\to\infty}b_n=\lim_{n\to\infty}[a_n-(a_n-b_n)]=\lim_{n\to\infty}a_n-\lim_{n\to\infty}(a_n-b_n)=\lim_{n\to\infty}a_n,$$

即 $\{b_n\}$ 收敛,则排除(A).同理排除(B)(C),故应选(D).

【分析三】 排除法

令 $a_n=\dfrac{1}{n},b_n=-\dfrac{1}{n}$.则排除(A)(B)(C),故应选(D).

例 4 (2008年1,2)设函数 $f(x)$ 在 $(-\infty,+\infty)$ 内单调有界,$\{x_n\}$ 为数列,下列命题正确的是(　　)

(A) 若 $\{x_n\}$ 收敛,则 $\{f(x_n)\}$ 收敛. 　　(B) 若 $\{x_n\}$ 单调,则 $\{f(x_n)\}$ 收敛.

(C) 若 $\{f(x_n)\}$ 收敛,则 $\{x_n\}$ 收敛. 　　(D) 若 $\{f(x_n)\}$ 单调,则 $\{x_n\}$ 收敛.

【答案】 B

【分析一】 直接法

由于 $f(x)$ 在 $(-\infty,+\infty)$ 上单调有界,若 $\{x_n\}$ 单调,则数列 $\{f(x_n)\}$ 单调有界,从而 $\{f(x_n)\}$ 收敛,故应选(B).

【分析二】 排除法

若令 $f(x)=\begin{cases}1+\arctan x,&x\geqslant 0,\\ \arctan x,&x<0,\end{cases} x_n=\dfrac{(-1)^n}{n}$.

显然 $f(x)$ 在 $(-\infty,+\infty)$ 内单调有界,$\lim\limits_{n\to\infty}x_n=0$,即 $\{x_n\}$ 收敛,但

$$f(x_n)=\begin{cases}-\arctan\dfrac{1}{n},&n\text{ 为奇数},\\ 1+\arctan\dfrac{1}{n},&n\text{ 为偶数},\end{cases}$$

则 $\{f(x_n)\}$ 不收敛,排除(A).

若令 $x_n=n$.显然,$\{f(x_n)\}$ 收敛且单调,但 $\{x_n\}$ 不收敛,则排除(C)(D),故应选(B).

例 5 (2022年1,2)已知数列 $\{x_n\}$,其中 $-\dfrac{\pi}{2}\leqslant x_n\leqslant\dfrac{\pi}{2}$,则(　　)

(A) 当 $\lim\limits_{n\to\infty}\cos(\sin x_n)$ 存在时,$\lim\limits_{n\to\infty}x_n$ 存在.

(B) 当 $\lim\limits_{n\to\infty}\sin(\cos x_n)$ 存在时,$\lim\limits_{n\to\infty}x_n$ 存在.

(C) 当 $\lim\limits_{n\to\infty}\cos(\sin x_n)$ 存在时,$\lim\limits_{n\to\infty}\sin x_n$ 存在,但 $\lim\limits_{n\to\infty}x_n$ 不一定存在.

(D) 当 $\lim\limits_{n\to\infty}\sin(\cos x_n)$ 存在时,$\lim\limits_{n\to\infty}\cos x_n$ 存在,但 $\lim\limits_{n\to\infty}x_n$ 不一定存在.

【答案】 D

【分析一】 **直接法**

由于 $\sin x$ 在 $\left[-\dfrac{\pi}{2}, \dfrac{\pi}{2}\right]$ 上单调、连续,则当 $-\dfrac{\pi}{2} \leqslant x_n \leqslant \dfrac{\pi}{2}$ 时,若 $\lim\limits_{n\to\infty}\sin x_n$ 存在,必有

$\lim\limits_{n\to\infty}x_n$ 存在.但 $\lim\limits_{n\to\infty}\cos\dfrac{(-1)^n\pi}{2}=0$,而 $\lim\limits_{n\to\infty}\dfrac{(-1)^n\pi}{2}$ 不存在.即 $\lim\limits_{n\to\infty}\cos x_n$ 存在时,$\lim\limits_{n\to\infty}x_n$ 不一定

存在.由此可知选(D).

【分析二】 **排除法**

取 $x_n=(-1)^n\dfrac{\pi}{2}$,则排除(A)(B)(C),故应选(D).

例 6 (2024 年 2)已知数列 $\{a_n\}(a_n\neq 0)$,若 $\{a_n\}$ 发散,则(　　)

(A) $\left\{a_n+\dfrac{1}{a_n}\right\}$ 发散.　　　　　　(B) $\left\{a_n-\dfrac{1}{a_n}\right\}$ 发散.

(C) $\left\{e^{a_n}+\dfrac{1}{e^{a_n}}\right\}$ 发散.　　　　　(D) $\left\{e^{a_n}-\dfrac{1}{e^{a_n}}\right\}$ 发散.

【答案】 D

【分析一】 **排除法**

取 $a_n=(-1)^n$,则排除(B)(C),若取 $a_n=2^{(-1)^n}$,则排除(A),故应选(D).

【分析二】 **直接法**

可以证明,若 $f(x)$ 严格单调且连续,$\lim\limits_{n\to\infty}f(a_n)=A\in$

R_f,则数列 $\{a_n\}$ 必收敛.

对于(D)选项,$f(x)=e^x-\dfrac{1}{e^x}=e^x-e^{-x}$,$f'(x)=$

$e^x+e^{-x}>0$,则 $f(x)$ 严格单调,且 $R_f=(-\infty,+\infty)$,若

$\left\{e^{a_n}-\dfrac{1}{e^{a_n}}\right\}$ 收敛,则 $\{a_n\}$ 必收敛.故若 $\{a_n\}$ 发散,则 $\left\{e^{a_n}-\dfrac{1}{e^{a_n}}\right\}$ 必发散.故应选(D).

> 若数列 $\{a_n\}$ 发散,则数列 $\{f(a_n)\}$ 发散与若数列 $\{f(a_n)\}$ 收敛,则数列 $\{a_n\}$ 收敛互为逆否命题.

例 7 (2007 年 1,2)设函数 $f(x)$ 在 $(0,+\infty)$ 上具有二阶导数,且 $f''(x)>0$,令 $u_n=f(n)(n=1,2,\cdots)$,则下列结论正确的是(　　)

(A) 若 $u_1>u_2$,则 $\{u_n\}$ 必收敛.　　(B) 若 $u_1>u_2$,则 $\{u_n\}$ 必发散.

(C) 若 $u_1<u_2$,则 $\{u_n\}$ 必收敛.　　(D) 若 $u_1<u_2$,则 $\{u_n\}$ 必发散.

【答案】 D

【分析一】 **直接法**

由 $u_1<u_2$ 知

$$f(2)-f(1)=f'(c)>0, c\in(1,2).$$

又 $f''(x)>0$,则 $f'(2)>f'(c)$,且

$$f(x)=f(2)+f'(2)(x-2)+\dfrac{f''(\xi)}{2!}(x-2)^2,$$

当 $n>2$ 时,$f(n)>f(2)+f'(2)(n-2)\to+\infty(n\to\infty)$,则 $\{u_n\}$ 必发散,故选(D).

【分析二】 **排除法**

令 $f(x)=(x-2)^2$,则 $u_1>u_2$,而

$$u_n=(n-2)^2\to\infty(n\to\infty),$$

则排除(A).

令 $f(x) = \dfrac{1}{x}$，则 $u_1 > u_2$，而

$$u_n = \frac{1}{n} \to 0 (n \to \infty),$$

则排除(B).

令 $f(x) = (x-1)^2$，则 $u_1 < u_2$，而

$$u_n = (n-1)^2 \to \infty (n \to \infty),$$

则排除(C)，故应选(D).

例 8　(2012 年 2) 设 $a_n > 0 (n=1,2,\cdots)$，$S_n = a_1 + a_2 + \cdots + a_n$，则数列 $\{S_n\}$ 有界是数列 $\{a_n\}$ 收敛的(　　)

(A) 充分必要条件.　　　　　　(B) 充分非必要条件.

(C) 必要非充分条件.　　　　　(D) 既非充分也非必要条件.

【答案】 B

【分析】 由 $a_n > 0$ 可知，数列 $\{S_n\}$ 单调增，若 $\{S_n\}$ 有界，则 $\{S_n\}$ 必收敛，从而

$$a_n = S_n - S_{n-1} \to 0 (n \to \infty),$$

即 $\{a_n\}$ 收敛.

反之，若 $\{a_n\}$ 收敛，但 $\{S_n\}$ 未必有界，如 $a_n = 1$. 则 $\{S_n\}$ 有界是数列 $\{a_n\}$ 收敛的充分而非必要条件，故应选(B).

例 9　下列结论正确的是(　　)

(A) 若 $\lim\limits_{n \to \infty} x_n = 0$，且 $\lim\limits_{n \to \infty} f(x_n) = A$，则 $\lim\limits_{x \to 0} f(x) = A$.

(B) 若 $\lim\limits_{n \to \infty} x_n = 0$，且 $\lim\limits_{x \to 0} f(x) = A$，则 $\lim\limits_{n \to \infty} f(x_n) = A$.

(C) 若 $\lim\limits_{n \to \infty} f(n) = A$，则 $\lim\limits_{x \to +\infty} f(x) = A$.

(D) 若 $\lim\limits_{x \to +\infty} f(x) = A$，则 $\lim\limits_{n \to \infty} f(n) = A$.

【答案】 D

【分析一】 直接法

由 $\lim\limits_{x \to +\infty} f(x) = A$ 可知，$\lim\limits_{n \to \infty} f(n) = A$，故应选(D).

事实上，由 $\lim\limits_{x \to +\infty} f(x) = A$ 可知，$\forall \varepsilon > 0$，存在 $X > 0$，当 $x > X$ 时，$|f(x) - A| < \varepsilon$.

取 $N = [X]$，则当 $n > N$ 时，有

$$|f(n) - A| < \varepsilon,$$

即 $\lim\limits_{n \to \infty} f(n) = A$.

【分析二】 排除法

令 $f(x) = \sin \dfrac{1}{x}$，$x_n = \dfrac{1}{n\pi}$，则有

$$\lim_{n \to \infty} x_n = 0,$$

$$\lim_{n \to \infty} f(x_n) = \lim_{n \to \infty} \sin(n\pi) = 0,$$

但 $\lim\limits_{x \to 0} f(x) = \lim\limits_{x \to 0} \sin \dfrac{1}{x}$ 不存在，则排除(A).

令 $x_n \equiv 0$，$f(x) = \dfrac{\sin x}{x}$，则有

$$\lim_{n\to\infty}x_n=0,$$

$$\lim_{x\to0}f(x)=\lim_{x\to0}\frac{\sin x}{x}=1,$$

但 $\lim_{n\to\infty}f(x_n)=\lim_{n\to\infty}\frac{\sin x_n}{x_n}$ 不存在,则排除(B).

令 $f(x)=\sin(\pi x)$,则 $\lim_{n\to\infty}f(n)=\lim_{n\to\infty}\sin(n\pi)=0$.但 $\lim_{x\to+\infty}f(x)=\lim_{x\to+\infty}\sin(\pi x)$ 不存在,则排除(C),故应选(D).

例 10 下列结论正确的是(　　　)

(A) 若 $a_n<b_n(n=1,2,\cdots)$,且 $\lim_{n\to\infty}a_n=a,\lim_{n\to\infty}b_n=b$,则 $a<b$.

(B) 若 $\lim_{n\to\infty}a_n=a,\lim_{n\to\infty}b_n=b$,且 $a\leqslant b$,则 n 充分大时有 $a_n\leqslant b_n$.

(C) 若 $\lim_{n\to\infty}a_n=a$,则当 n 充分大时有 $a-\frac{1}{n}<a_n<a+\frac{1}{n}$.

(D) 若当 n 充分大时有 $a-\frac{1}{n}<a_n<a+\frac{1}{n}$,则 $\lim_{n\to\infty}|a_n|=|a|$.

【答案】 D

【分析一】　直接法

由 n 充分大时有 $a-\frac{1}{n}<a_n<a+\frac{1}{n}$ 及夹逼原理可知 $\lim_{n\to\infty}a_n=a$,从而有 $\lim_{n\to\infty}|a_n|=|a|$,故应选(D).

【分析二】　排除法

令 $a_n=\frac{1}{n},b_n=\frac{2}{n}$,显然 $a_n<b_n$,但 $\lim_{n\to\infty}a_n=\lim_{n\to\infty}b_n=0$,则排除(A).

令 $a_n=\frac{1}{n},b_n=\frac{(-1)^n}{n}$,显然 $\lim_{n\to\infty}a_n=a=0,\lim_{n\to\infty}b_n=b=0$,但 n 充分大时,$a_n\leqslant b_n$ 不成立,则排除(B).

令 $a_n=a+\frac{2}{n}$,显然 $\lim_{n\to\infty}a_n=a$,但对一切的 n,

$$a_n=a+\frac{2}{n}>a+\frac{1}{n},$$

则排除(C),故应选(D).

例 11 设数列 $\{a_n\},\{b_n\}$ 对任意的正整数 n 满足 $a_n\leqslant b_n\leqslant a_{n+1}$,则(　　　)

(A) 数列 $\{a_n\},\{b_n\}$ 均收敛,且 $\lim_{n\to\infty}a_n=\lim_{n\to\infty}b_n$.

(B) 数列 $\{a_n\},\{b_n\}$ 均发散,且 $\lim_{n\to\infty}a_n=\lim_{n\to\infty}b_n=+\infty$.

(C) 数列 $\{a_n\},\{b_n\}$ 具有相同的敛散性.

(D) 数列 $\{a_n\},\{b_n\}$ 具有不同的敛散性.

【答案】 C

【分析】　若 $\{a_n\}$ 收敛,则由 $a_n\leqslant b_n\leqslant a_{n+1}$ 及夹逼原理可知

$$\lim_{n\to\infty}b_n=\lim_{n\to\infty}a_n,$$

即 $\{b_n\}$ 收敛.

若 $\{b_n\}$ 收敛,令 $\lim_{n\to\infty}b_n=b$,则由

$$a_n \leqslant b_n \leqslant a_{n+1}$$

知 $\{a_n\}$ 单调增,且

$$a_n \leqslant b,$$

即 $\{a_n\}$ 有上界,则 $\{a_n\}$ 收敛,从而可知 $\{a_n\}$ 与 $\{b_n\}$ 有相同的敛散性,故应选(C).

例 12 设有数列 $\{x_n\}$,已知 $\lim\limits_{n\to\infty}(x_{n+1}-x_n)=0$,则下列结论正确的是(　　)

(A) $\{x_n\}$ 必收敛.　　　　　　　　(B) 若 $\{x_n\}$ 单调,则 $\{x_n\}$ 必收敛.

(C) 若 $\{x_n\}$ 有界,则 $\{x_n\}$ 必收敛.　　(D) 若 $\{x_{3n}\}$ 收敛,则 $\{x_n\}$ 必收敛.

【答案】 D

【分析一】　直接法

若 $\{x_{3n}\}$ 收敛,令 $\lim\limits_{n\to\infty}x_{3n}=a$,则由 $\lim\limits_{n\to\infty}(x_{n+1}-x_n)=0$ 知

$$\lim_{n\to\infty}(x_{3n+1}-x_{3n})=0,$$

$$\lim_{n\to\infty}(x_{3n+2}-x_{3n+1})=0,$$

则 $\lim\limits_{n\to\infty}x_{3n+1}=a$,$\lim\limits_{n\to\infty}x_{3n+2}=a$,从而 $\lim\limits_{n\to\infty}x_n=a$,故应选(D).

【分析二】　排除法

令 $x_n=\sqrt{n}$,当 $n\to\infty$ 时,$x_{n+1}-x_n=\sqrt{n+1}-\sqrt{n}=\dfrac{1}{\sqrt{n+1}+\sqrt{n}}\to 0$,

但 $\lim\limits_{n\to\infty}x_n=\infty$,排除(A)(B).

令 $x_n=\sin\sqrt{n}$,显然 $\{x_n\}$ 有界,且

$$\begin{aligned}
x_{n+1}-x_n &= \sin\sqrt{n+1}-\sin\sqrt{n}\\
&= \cos\xi_n \cdot (\sqrt{n+1}-\sqrt{n})\\
&= \frac{\cos\xi_n}{\sqrt{n+1}+\sqrt{n}}\to 0,
\end{aligned}$$

但 $\{x_n\}$ 不收敛,则排除(C),故应选(D).

例 13 (2010 年 1)极限 $\lim\limits_{x\to\infty}\left[\dfrac{x^2}{(x-a)(x+b)}\right]^x=$(　　)

(A)1.　　　　　　(B)e.　　　　　　(C) e^{a-b}.　　　　　　(D) e^{a+b}.

【答案】 C

【分析一】　直接法

$$\begin{aligned}
\lim_{x\to\infty}\left[\frac{x^2}{(x-a)(x+b)}\right]^x &= \lim_{x\to\infty}\left(\frac{x}{x-a}\right)^x\left(\frac{x}{x+b}\right)^x\\
&= \lim_{x\to\infty}\left(1-\frac{a}{x}\right)^{-x}\left(1+\frac{b}{x}\right)^{-x}\\
&= e^a \cdot e^{-b}=e^{a-b}.
\end{aligned}$$

故选(C).

【分析二】　排除法

令 $a=0$,则

$$\lim_{x\to\infty}\left[\frac{x^2}{(x-a)(x+b)}\right]^x=\lim_{x\to\infty}\left(\frac{x}{x+b}\right)^x=e^{-b}.$$

则排除(A)(B)(D),故应选(C).

例 14 若 $\lim\limits_{x\to 0}\left[\dfrac{\ln(x+\sqrt{x^2+1})+ax^2+bx^3}{x}\right]^{\frac{1}{x^2}}=\mathrm{e}^2$,则( )

(A)$a=1,b=-1$.   (B)$a=1,b=1$.   (C)$a=0,b=\dfrac{13}{6}$.   (D)$a=0,b=-\dfrac{13}{6}$.

【答案】 C

【分析】 $\lim\limits_{x\to 0}\left[\dfrac{\ln(x+\sqrt{x^2+1})+ax^2+bx^3}{x}\right]^{\frac{1}{x^2}}$

$$=\lim_{x\to 0}\left[1+\frac{\ln(x+\sqrt{x^2+1})-x+ax^2+bx^3}{x}\right]^{\frac{1}{x^2}}=\mathrm{e}^2,$$

则

$$\lim_{x\to 0}\frac{\ln(x+\sqrt{x^2+1})-x+ax^2+bx^3}{x^3}=2,$$

又

$$\lim_{x\to 0}\frac{\ln(x+\sqrt{1+x^2})-x}{x^3}=\lim_{x\to 0}\frac{\dfrac{1}{\sqrt{1+x^2}}-1}{3x^2}$$

$$=\lim_{x\to 0}\frac{-\dfrac{1}{2}x^2}{3x^2}=-\frac{1}{6},$$

则 $a=0,b=\dfrac{13}{6}$,故应选(C).

例 15 已知 $\lim\limits_{x\to 0}\dfrac{\mathrm{e}^x f(x)+\tan x}{x^2}=0$,则 $\lim\limits_{x\to 0}\dfrac{f(x)+x}{x^2}=$ ( )

(A)0.   (B)1.   (C)$\dfrac{1}{3}$.   (D)$\dfrac{2}{3}$.

【答案】 B

【分析一】 由 $\lim\limits_{x\to 0}\dfrac{\mathrm{e}^x f(x)+\tan x}{x^2}=0$ 知

$$\frac{\mathrm{e}^x f(x)+\tan x}{x^2}=\alpha(x)\left(\text{其中}\lim_{x\to 0}\alpha(x)=0\right).$$

$$f(x)=\left[x^2\alpha(x)-\tan x\right]\mathrm{e}^{-x}.$$

$$\lim_{x\to 0}\frac{f(x)+x}{x^2}=\lim_{x\to 0}\frac{x^2\mathrm{e}^{-x}\alpha(x)}{x^2}+\lim_{x\to 0}\frac{x-\tan x\,\mathrm{e}^{-x}}{x^2}$$

$$=\lim_{x\to 0}\frac{x-\tan x}{x^2}+\lim_{x\to 0}\frac{(1-\mathrm{e}^{-x})\tan x}{x^2}$$

$$=\lim_{x\to 0}\frac{x^2}{x^2}=1.$$

【分析二】 $0=\lim\limits_{x\to 0}\dfrac{\mathrm{e}^x f(x)+\mathrm{e}^x x-\mathrm{e}^x x+\tan x}{x^2}$

$$=\lim_{x\to 0}\frac{f(x)+x}{x^2}+\lim_{x\to 0}\frac{\tan x-x\mathrm{e}^x}{x^2}$$

$$=\lim_{x\to 0}\frac{f(x)+x}{x^2}+\lim_{x\to 0}\frac{\tan x-x}{x^2}+\lim_{x\to 0}\frac{x(1-\mathrm{e}^x)}{x^2}$$

$$=\lim_{x\to 0}\frac{f(x)+x}{x^2}-1.$$

则 $\lim\limits_{x\to 0}\dfrac{f(x)+x}{x^2}=1.$

【分析三】

$$
\begin{aligned}
0 &= \lim_{x\to 0}\frac{f(x)+\mathrm{e}^{-x}\tan x}{x^2\mathrm{e}^{-x}}\\
&= \lim_{x\to 0}\frac{f(x)+\mathrm{e}^{-x}\tan x}{x^2}\\
&= \lim_{x\to 0}\frac{f(x)+x}{x^2}+\lim_{x\to 0}\frac{\mathrm{e}^{-x}\tan x-x}{x^2}\\
&= \lim_{x\to 0}\frac{f(x)+x}{x^2}+\lim_{x\to 0}\frac{\tan x\cdot(\mathrm{e}^{-x}-1)}{x^2}+\lim_{x\to 0}\frac{\tan x-x}{x^2}\\
&= \lim_{x\to 0}\frac{f(x)+x}{x^2}-1.
\end{aligned}
$$

则 $\lim\limits_{x\to 0}\dfrac{f(x)+x}{x^2}=1.$

【分析四】 排除法

令 $\mathrm{e}^x f(x)+\tan x=0$，得 $f(x)=-\mathrm{e}^{-x}\tan x,$

$$
\begin{aligned}
\lim_{x\to 0}\frac{f(x)+x}{x^2} &= \lim_{x\to 0}\frac{x-\mathrm{e}^{-x}\tan x}{x^2}\\
&= \lim_{x\to 0}\frac{x-\tan x}{x^2}+\lim_{x\to 0}\frac{(1-\mathrm{e}^{-x})\tan x}{x^2}\\
&= \lim_{x\to 0}\frac{-\dfrac{1}{3}x^3}{x^2}+\lim_{x\to 0}\frac{x^2}{x^2}\\
&= 1.
\end{aligned}
$$

排除(A)(C)(D)，故应选(B)．

例 16 （2007 年 2）$\lim\limits_{x\to 0}\dfrac{\arctan x-\sin x}{x^3}=$ _____．

【答案】 $-\dfrac{1}{6}$

【分析】

$$
\begin{aligned}
\lim_{x\to 0}\frac{\arctan x-\sin x}{x^3} &= \lim_{x\to 0}\frac{(\arctan x-x)-(\sin x-x)}{x^3}\\
&= \lim_{x\to 0}\frac{\left(-\dfrac{1}{3}x^3\right)-\left(-\dfrac{1}{6}x^3\right)}{x^3}\\
&= \lim_{x\to 0}\frac{-\dfrac{1}{6}x^3}{x^3}=-\frac{1}{6}.
\end{aligned}
$$

例 17 （1998 年 1,2）$\lim\limits_{x\to 0}\dfrac{\sqrt{1+x}+\sqrt{1-x}-2}{x^2}=$ _____．

【答案】 $-\dfrac{1}{4}$

【分析一】 由泰勒公式知

$$
原式=\lim_{x\to 0}\frac{\left[1+\dfrac{x}{2}-\dfrac{x^2}{8}+o(x^2)\right]+\left[1-\dfrac{x}{2}-\dfrac{x^2}{8}+o(x^2)\right]-2}{x^2}
$$

$$= \lim_{x \to 0} \frac{-\frac{1}{4}x^2 + o(x^2)}{x^2} = -\frac{1}{4}.$$

【分析二】 原式 $= \lim\limits_{x \to 0} \dfrac{\dfrac{1}{2\sqrt{1+x}} - \dfrac{1}{2\sqrt{1-x}}}{2x}$

$$= \frac{1}{4} \lim_{x \to 0} \frac{\left(\dfrac{1}{\sqrt{1+x}} - 1\right) - \left(\dfrac{1}{\sqrt{1-x}} - 1\right)}{x}$$

$$= \frac{1}{4} \lim_{x \to 0} \frac{\left(-\dfrac{1}{2}x\right) - \dfrac{1}{2}x}{x} = -\frac{1}{4}.$$

例 18 (2023 年 3) $\lim\limits_{x \to \infty} x^2\left(2 - x\sin\dfrac{1}{x} - \cos\dfrac{1}{x}\right) = $ _____.

【答案】 $\dfrac{2}{3}$

【分析一】 由泰勒公式得

$$原式 = \lim_{x \to \infty} x^2 \left\{ 2 - x\left[\frac{1}{x} - \frac{1}{6x^3} + o\left(\frac{1}{x^3}\right)\right] - \left[1 - \frac{1}{2x^2} + o\left(\frac{1}{x^2}\right)\right] \right\}$$

$$= \lim_{x \to \infty} x^2 \left[\frac{2}{3x^2} + o\left(\frac{1}{x^2}\right)\right] = \frac{2}{3}.$$

【分析二】 原式 $= \lim\limits_{x \to \infty} x^2\left(1 - x\sin\dfrac{1}{x}\right) + \lim\limits_{x \to \infty} x^2\left(1 - \cos\dfrac{1}{x}\right)$

$$= \lim_{x \to \infty} x^3\left(\frac{1}{x} - \sin\frac{1}{x}\right) + \lim_{x \to \infty} x^2\left(\frac{1}{2x^2}\right)$$

$$= \lim_{x \to \infty} x^3\left(\frac{1}{6x^3}\right) + \frac{1}{2} = \frac{1}{6} + \frac{1}{2} = \frac{2}{3}.$$

【分析三】 令 $\dfrac{1}{x} = t$, 则

$$原式 = \lim_{t \to 0} \frac{2 - \dfrac{\sin t}{t} - \cos t}{t^2}$$

$$= \lim_{t \to 0} \frac{t - \sin t}{t^3} + \lim_{t \to 0} \frac{1 - \cos t}{t^2}$$

$$= \lim_{t \to 0} \frac{\dfrac{1}{6}t^3}{t^3} + \lim_{t \to 0} \frac{\dfrac{1}{2}t^2}{t^2} = \frac{2}{3}.$$

例 19 (1994 年 3) $\lim\limits_{n \to \infty} \tan^n\left(\dfrac{\pi}{4} + \dfrac{2}{n}\right) = $ _____.

【答案】 e^4

【分析】 $\lim\limits_{n \to \infty}\left[\tan\left(\dfrac{\pi}{4} + \dfrac{2}{n}\right) - 1\right]n = \lim\limits_{n \to \infty} \dfrac{\tan\left(\dfrac{\pi}{4} + \dfrac{2}{n}\right) - \tan\dfrac{\pi}{4}}{\dfrac{1}{n}}$

$$= \lim_{n \to \infty} \frac{\dfrac{2}{n}\sec^2\xi}{\dfrac{1}{n}} \qquad (拉格朗日中值定理)$$

$$= 2\sec^2\frac{\pi}{4} = 4.$$

则原式 $= \mathrm{e}^4$.

例 20 (1998 年 4) $\displaystyle\lim_{n\to\infty}\left(n\tan\frac{1}{n}\right)^{n^2} = $ _____.

【答案】 $\mathrm{e}^{\frac{1}{3}}$

【分析】
$$\lim_{n\to\infty}\left(n\tan\frac{1}{n}-1\right)n^2 = \lim_{n\to\infty}\left(\tan\frac{1}{n}-\frac{1}{n}\right)n^3$$
$$= \lim_{n\to\infty}\frac{1}{3}\left(\frac{1}{n}\right)^3 n^3 = \frac{1}{3}.$$

则原式 $= \mathrm{e}^{\frac{1}{3}}$.

例 21 (2012 年 2) $\displaystyle\lim_{n\to\infty} n\left(\frac{1}{1+n^2}+\frac{1}{2^2+n^2}+\cdots+\frac{1}{n^2+n^2}\right) = $ _____.

【答案】 $\dfrac{\pi}{4}$

【分析】
$$\text{原式} = \lim_{n\to\infty}\frac{1}{n}\left[\frac{1}{1+\left(\frac{1}{n}\right)^2}+\frac{1}{1+\left(\frac{2}{n}\right)^2}+\cdots+\frac{1}{1+\left(\frac{n}{n}\right)^2}\right]$$
$$= \int_0^1 \frac{1}{1+x^2}\,\mathrm{d}x = \frac{\pi}{4}.$$

例 22 (2019 年 3) $\displaystyle\lim_{n\to\infty}\left[\frac{1}{1\times 2}+\frac{1}{2\times 3}+\cdots+\frac{1}{n(n+1)}\right]^n = $ _____.

【答案】 e^{-1}

【分析】
$$\frac{1}{1\times 2}+\frac{1}{2\times 3}+\cdots+\frac{1}{n(n+1)}$$
$$= \left(1-\frac{1}{2}\right)+\left(\frac{1}{2}-\frac{1}{3}\right)+\cdots+\left(\frac{1}{n}-\frac{1}{n+1}\right)$$
$$= 1-\frac{1}{n+1}.$$

原式 $= \displaystyle\lim_{n\to\infty}\left(1-\frac{1}{n+1}\right)^n = \mathrm{e}^{-1}$.

例 23 $\displaystyle\lim_{n\to\infty}\left(\frac{\sqrt{n^2-1}}{1+n^2}+\frac{\sqrt{n^2-2^2}}{2+n^2}+\cdots+\frac{\sqrt{n^2-n^2}}{n+n^2}\right) = $ _____.

【答案】 $\dfrac{\pi}{4}$

【分析】
$$\frac{1}{n+n^2}(\sqrt{n^2-1}+\sqrt{n^2-2^2}+\cdots+\sqrt{n^2-n^2})$$
$$\leqslant \frac{\sqrt{n^2-1}}{1+n^2}+\frac{\sqrt{n^2-2^2}}{2+n^2}+\cdots+\frac{\sqrt{n^2-n^2}}{n+n^2}$$

$$\leqslant \frac{1}{1+n^2}(\sqrt{n^2-1}+\sqrt{n^2-2^2}+\cdots+\sqrt{n^2-n^2}).$$

$$\lim_{n\to\infty}\frac{1}{n^2+n}(\sqrt{n^2-1}+\sqrt{n^2-2^2}+\cdots+\sqrt{n^2-n^2})$$

$$=\lim_{n\to\infty}\frac{n^2}{n^2+n}\cdot\frac{1}{n}\left[\sqrt{1-\left(\frac{1}{n}\right)^2}+\sqrt{1-\left(\frac{2}{n}\right)^2}+\cdots+\sqrt{1-\left(\frac{n}{n}\right)^2}\right]$$

$$=\int_0^1\sqrt{1-x^2}\,\mathrm{d}x=\frac{\pi}{4}.$$

同理

$$\lim_{n\to\infty}\frac{1}{1+n^2}(\sqrt{n^2-1}+\sqrt{n^2-2^2}+\cdots+\sqrt{n^2-n^2})=\frac{\pi}{4},$$

故原式 $=\frac{\pi}{4}$.

例 24 (2009 年 2) $\lim\limits_{n\to\infty}\displaystyle\int_0^1 \mathrm{e}^{-x}\sin nx\,\mathrm{d}x=$ _____.

【答案】 0

【分析】 $\displaystyle\int_0^1 \mathrm{e}^{-x}\sin nx\,\mathrm{d}x=-\frac{1}{n}\int_0^1 \mathrm{e}^{-x}\mathrm{d}\cos nx$

$$=-\frac{1}{n}\mathrm{e}^{-x}\cos nx\Big|_0^1-\frac{1}{n}\int_0^1 \mathrm{e}^{-x}\cos nx\,\mathrm{d}x$$

$$=\frac{1}{n}(1-\mathrm{e}^{-1}\cos n)-\frac{1}{n}\int_0^1 \mathrm{e}^{-x}\cos nx\,\mathrm{d}x.$$

其中

$$\lim_{n\to\infty}\frac{1}{n}(1-\mathrm{e}^{-1}\cos n)=0.$$

$\left|\displaystyle\int_0^1 \mathrm{e}^{-x}\cos nx\,\mathrm{d}x\right|\leqslant\displaystyle\int_0^1 |\mathrm{e}^{-x}\cos nx|\,\mathrm{d}x\leqslant 1$, 即有界. 则 $\lim\limits_{n\to\infty}\dfrac{1}{n}\displaystyle\int_0^1 \mathrm{e}^{-x}\cos nx\,\mathrm{d}x=0.$

故原式 $=0$.

例 25 $\lim\limits_{n\to\infty}\displaystyle\int_0^1 nx^n\arctan x\,\mathrm{d}x=$ _____.

【答案】 $\dfrac{\pi}{4}$

【分析】 $\displaystyle\int_0^1 nx^n\arctan x\,\mathrm{d}x=\frac{n}{n+1}\int_0^1\arctan x\,\mathrm{d}x^{n+1}$

$$=\frac{n}{n+1}\left(x^{n+1}\arctan x\Big|_0^1-\int_0^1\frac{x^{n+1}}{1+x^2}\mathrm{d}x\right)$$

$$=\frac{n}{n+1}\left(\frac{\pi}{4}-\int_0^1\frac{x^{n+1}}{1+x^2}\mathrm{d}x\right).$$

又当 $n\to\infty$ 时, $0\leqslant\displaystyle\int_0^1\frac{x^{n+1}}{1+x^2}\mathrm{d}x\leqslant\displaystyle\int_0^1 x^{n+1}\mathrm{d}x=\frac{1}{n+2}\to 0$, 故原式 $=\frac{\pi}{4}.$

例 26 设 $a_n=\displaystyle\int_0^{\frac{1}{n}} x^n\sqrt{1+x^2}\,\mathrm{d}x$, 则 $\lim\limits_{n\to\infty}\dfrac{(n+1)a_{n+1}}{a_n}=$ _____.

【答案】 $\dfrac{1}{\mathrm{e}}$

【分析】 由积分中值定理知

$$a_n = \int_0^{\frac{1}{n}} x^n \sqrt{1+x^2}\,\mathrm{d}x = \sqrt{1+(\xi_n)^2}\int_0^{\frac{1}{n}} x^n\,\mathrm{d}x$$

$$= \frac{1}{(n+1)n^{n+1}}\sqrt{1+(\xi_n)^2}, 0 < \xi_n < \frac{1}{n}.$$

同理可得

$$a_{n+1} = \frac{1}{(n+2)(n+1)^{n+2}}\sqrt{1+(\eta_n)^2}\left(\text{其中 } 0 < \eta_n < \frac{1}{n}\right),$$

则

$$\lim_{n\to\infty}\frac{(n+1)a_{n+1}}{a_n} = \lim_{n\to\infty}\frac{(n+1)^2 n^{n+1}\sqrt{1+(\eta_n)^2}}{(n+2)(n+1)^{n+2}\sqrt{1+(\xi_n)^2}}$$

$$= \lim_{n\to\infty}\frac{n^{n+1}}{(n+1)^{n+1}}$$

$$= \lim_{n\to\infty}\frac{1}{\left(1+\dfrac{1}{n}\right)^{n+1}} = \frac{1}{\mathrm{e}}.$$

练习题

1. 设 $a_n \leqslant b_n \leqslant c_n$，且 $\lim\limits_{n\to\infty}(c_n - a_n) = 0$，则 $\lim\limits_{n\to\infty}b_n($　　)

   (A) 存在且为零. (B) 存在但不一定为零.

   (C) 一定不存在. (D) 不一定存在.

2. 设 $x_n \leqslant a \leqslant y_n$，且 $\lim\limits_{n\to\infty}(y_n - x_n) = 0$，则 $\{x_n\}$ 与 $\{y_n\}($　　)

   (A) 都收敛于 a. (B) 都收敛但不一定收敛于 a.

   (C) 可能收敛也可能发散. (D) 都发散.

3. 设数列 $\{x_n\}$ 单调减，$\{y_n\}$ 单调增，且 $\lim\limits_{n\to\infty}(x_n - y_n) = 0$，则(　　)

   (A) $\lim\limits_{n\to\infty}x_n = 0$，且 $\lim\limits_{n\to\infty}y_n = 0$. (B) $\lim\limits_{n\to\infty}x_n, \lim\limits_{n\to\infty}y_n$ 都存在且 $\lim\limits_{n\to\infty}x_n = \lim\limits_{n\to\infty}y_n$.

   (C) $\lim\limits_{n\to\infty}x_n$ 存在，$\lim\limits_{n\to\infty}y_n$ 不一定存在. (D) $\lim\limits_{n\to\infty}x_n$ 与 $\lim\limits_{n\to\infty}y_n$ 均可能不存在.

4. 设数列 $\{x_n\}$ 与 $\{y_n\}$ 满足 $\lim\limits_{n\to\infty}x_n y_n = 0$，则下列断言正确的是(　　)

   (A) 若 $\{x_n\}$ 发散，则 $\{y_n\}$ 必收敛. (B) 若 $\{x_n\}$ 无界，则 $\{y_n\}$ 必有界.

   (C) 若 $\{x_n\}$ 有界，则 $\{y_n\}$ 必为无穷小. (D) 若 $\left\{\dfrac{1}{x_n}\right\}$ 为无穷小，则 $y_n = o\left(\dfrac{1}{x_n}\right)$.

5. 若极限 $\lim\limits_{n\to\infty}a_n$ 存在,则下列哪一个条件能推出极限 $\lim\limits_{n\to\infty}b_n$ 存在(   )

    (A) $\lim\limits_{n\to\infty}a_nb_n$ 存在.   (B) $\lim\limits_{n\to\infty}\dfrac{a_n}{b_n}$ 存在.

    (C) $\lim\limits_{n\to\infty}(\mid a_n\mid+\mid b_n\mid)$ 存在.   (D) $\lim\limits_{n\to\infty}(\mid a_n\mid+\mathrm{e}^{a_n}b_n)$ 存在.

6. 设 $\lim\limits_{n\to\infty}x_ny_n=\infty$,则下列结论错误的是(   )

    (A) $\lim\limits_{n\to\infty}x_n=\infty$ 与 $\lim\limits_{n\to\infty}y_n=\infty$ 至少有一个成立.

    (B) $\{x_n\}$ 与 $\{y_n\}$ 中至少有一个为无界变量.

    (C) 若 $\{x_n\}$ 是无穷小量,则 $\{y_n\}$ 必为无界变量.

    (D) 若 $\lim\limits_{n\to\infty}x_n=a\neq\infty$,则 $\{y_n\}$ 必为无穷大量.

7. 以下命题正确的是(   )

    (A) 若 $\lim\limits_{x\to x_0}f(x)\geqslant\lim\limits_{x\to x_0}g(x)$,则存在 $\delta>0$,当 $0<\mid x-x_0\mid<\delta$ 时,$f(x)\geqslant g(x)$.

    (B) 若存在 $\delta>0$,当 $0<\mid x-x_0\mid<\delta$ 时,$f(x)>g(x)$,则 $\lim\limits_{x\to x_0}f(x)>\lim\limits_{x\to x_0}g(x)$.

    (C) 若存在 $\delta>0$,当 $0<\mid x-x_0\mid<\delta$ 时,$f(x)>g(x)$,则 $\lim\limits_{x\to x_0}f(x)\geqslant\lim\limits_{x\to x_0}g(x)$.

    (D) 若 $\lim\limits_{x\to x_0}f(x)>\lim\limits_{x\to x_0}g(x)$,则存在 $\delta>0$,当 $0<\mid x-x_0\mid<\delta$ 时,$f(x)>g(x)$.

8. 已知 $\lim\limits_{x\to0}\dfrac{f(x)\cos x+\sin x}{x^3}=0$,则 $\lim\limits_{x\to0}\dfrac{f(x)+x}{x(1-\sqrt{\cos x})}=($)

    (A)0.   (B) $\dfrac{1}{6}$.   (C) $\dfrac{2}{3}$.   (D) $-\dfrac{4}{3}$.

9. 如果 $\lim\limits_{x\to0}\dfrac{x-\sin x+f(x)}{x^4}$ 存在,则 $\lim\limits_{x\to0}\dfrac{x^3}{f(x)}=($)

    (A) -36.   (B)36.   (C)6.   (D) -6.

10. 已知 $\lim\limits_{x\to0}(2-\sqrt[3]{\cos 2x})^{\frac{1}{x^a\ln(1+x)}}=\beta$,则 α、β 的值可能是(   )

    (A) $\alpha=1,\beta=\dfrac{2}{3}$.   (B) $\alpha=2,\beta=\mathrm{e}^2$.

    (C) $\alpha=2,\beta=\mathrm{e}$.   (D) $\alpha=1,\beta=\mathrm{e}^{\frac{2}{3}}$.

11. 已知常数 $a > 0, bc \neq 0, \lim\limits_{x \to +\infty}\left[x^a \ln\left(1 + \dfrac{b}{x}\right) - x\right] = c$，则（　　）

(A)$a = 1, b = 1, c = 2$.　　　　　　　(B)$a = 1, b = 2, c = 1$.

(C)$a = 2, b = 1, c = -\dfrac{1}{2}$.　　　　　(D)$a = 2, b = 1, c = 2$.

12. $\lim\limits_{x \to 0}\left[\dfrac{1}{\sin x + x^2} - \dfrac{1}{\ln(1+x) - x^2}\right] = $（　　）

(A)-2.　　　　(B)$-\dfrac{1}{2}$.　　　　(C)$-\dfrac{5}{2}$.　　　　(D)2.

13. $\lim\limits_{x \to 0^+}\left[\dfrac{x}{(e^x - 1)\cos\sqrt{x}}\right]^{\frac{1}{\sin x}} = $（　　）

(A)$e^{-\frac{1}{2}}$.　　　　(B)$e^{\frac{1}{2}}$.　　　　(C)e.　　　　(D)1.

14. (2003 年 2) 设 $a_n = \dfrac{3}{2}\displaystyle\int_0^{\frac{n}{n+1}} x^{n-1}\sqrt{1 + x^n}\,\mathrm{d}x$，则极限 $\lim\limits_{n \to \infty} na_n$ 等于（　　）

(A)$(1 + e)^{\frac{3}{2}} + 1$.　　　　　　　(B)$(1 + e^{-1})^{\frac{3}{2}} - 1$.

(C)$(1 + e^{-1})^{\frac{3}{2}} + 1$.　　　　　(D)$(1 + e)^{\frac{3}{2}} - 1$.

15. $\lim\limits_{x \to 0}\left[\dfrac{1}{x^2 + \displaystyle\int_0^x \sin t^3\,\mathrm{d}t} - \dfrac{1}{\sin^2 x + \displaystyle\int_0^{x^2} \ln(1+t)\,\mathrm{d}t}\right] = $ _____.

16. $\lim\limits_{x \to +\infty} x^3\left(\sqrt{x^2 + 2} - 2\sqrt{x^2 + 1} + x\right) = $ _____.

17. 设 $f(x)$ 连续，且 $f(0) \neq 0$，则 $\lim\limits_{x \to 0}\left[1 + \displaystyle\int_0^x (x - t)f(t)\,\mathrm{d}t\right]^{\frac{1}{x\int_0^x f(x-t)\,\mathrm{d}t}} = $ _____.

答　案

1. D；　2. A；　3. B；　4. D；　5. D；　6. A；　7. D；　8. D；　9. D；　10. D；

11. C；　12. C；　13. D；　14. B；　15. $-\dfrac{1}{12}$；　16. $-\dfrac{1}{4}$；　17. $e^{\frac{1}{2}}$.

三、无穷小比较

常用结论

1. 洛必达法则

2. 等价代换

常用等价无穷小　当 $x \to 0$ 时，

(1) $x \sim \sin x \sim \tan x \sim \arcsin x \sim \arctan x \sim \ln(1+x) \sim \mathrm{e}^x - 1$;

$\quad (1+x)^\alpha - 1 \sim \alpha x, 1 - \cos^\alpha x \sim \dfrac{\alpha}{2}x^2, a^x - 1 \sim x\ln a$;

(2) $x - \sin x \sim \dfrac{x^3}{6}, \tan x - x \sim \dfrac{x^3}{3}, x - \ln(1+x) \sim \dfrac{x^2}{2}$;

$\quad \arcsin x - x \sim \dfrac{x^3}{6}, x - \arctan x \sim \dfrac{x^3}{3}$;

(3) 设 $f(x)$ 和 $g(x)$ 在 $x = 0$ 的某邻域内连续，且 $\lim\limits_{x \to 0} \dfrac{f(x)}{g(x)} = 1$，则

$$\int_0^x f(t)\,\mathrm{d}t \sim \int_0^x g(t)\,\mathrm{d}t.$$

【注】　(1) 特别地，当 $x \to 0$ 时，$f(x) \sim g(x)$，则 $\int_0^x f(t)\,\mathrm{d}t \sim \int_0^x g(t)\,\mathrm{d}t$.

(2) 若 $f(x)$ 在 $x = 0$ 的某邻域内连续，且当 $x \to 0$ 时 $f(x)$ 是 x 的 m 阶无穷小，$\varphi(x)$ 是 x 的 n 阶无穷小，则 $\int_0^{\varphi(x)} f(t)\,\mathrm{d}t$ 是 x 的 $n(m+1)$ 阶无穷小.

3. 泰勒公式

$\mathrm{e}^x, \sin x, \cos x, \ln(1+x), (1+x)^\alpha$.

例 1　(2009 年 1,2) 当 $x \to 0$ 时，$f(x) = x - \sin ax$ 与 $g(x) = x^2 \ln(1-bx)$ 是等价无穷小，则（　　）

(A) $a = 1, b = -\dfrac{1}{6}$.　　　　　　　(B) $a = 1, b = \dfrac{1}{6}$.

(C) $a = -1, b = -\dfrac{1}{6}$.　　　　　　(D) $a = -1, b = \dfrac{1}{6}$.

【答案】　A

【分析一】　由题设知

$$1 = \lim_{x \to 0} \frac{f(x)}{g(x)} = \lim_{x \to 0} \frac{x - \sin ax}{-bx^3}$$

$$= \lim_{x \to 0} \frac{x - \left[ax - \dfrac{1}{3!}(ax)^3 + o(x^3) \right]}{-bx^3}$$

$$= \lim_{x \to 0} \frac{(1-a)x + \dfrac{a^3}{6}x^3 + o(x^3)}{-bx^3},$$

则 $a = 1, b = -\dfrac{1}{6}$，故选 (A).

【分析二】　由题设知

$$1 = \lim_{x \to 0} \frac{f(x)}{g(x)} = \lim_{x \to 0} \frac{x - \sin ax}{-bx^3},$$

将 $a = 1$ 代入上式得

$$1 = \lim_{x \to 0} \frac{\frac{1}{6}x^3}{-bx^3},$$

则 $b = -\dfrac{1}{6}$，故选(A).

例 2 (2011 年 1,2,3)已知当 $x \to 0$ 时,函数 $f(x) = 3\sin x - \sin 3x$ 与 cx^k 是等价无穷小,则( )

(A)$k = 1, c = 4$.　　　　　　　　(B)$k = 1, c = -4$.

(C)$k = 3, c = 4$.　　　　　　　　(D)$k = 3, c = -4$.

【答案】 C

【分析一】 由题设知

$$\begin{aligned}
1 &= \lim_{x \to 0} \frac{3\sin x - \sin 3x}{cx^k} \\
&= \lim_{x \to 0} \frac{3\left[x - \dfrac{x^3}{3!} + o(x^3)\right] - \left[3x - \dfrac{(3x)^3}{3!} + o(x^3)\right]}{cx^k} \\
&= \lim_{x \to 0} \frac{4x^3 + o(x^3)}{cx^k},
\end{aligned}$$

则 $k = 3, c = 4$,故应选(C).

【分析二】 由题设知

$$\begin{aligned}
1 &= \lim_{x \to 0} \frac{3\sin x - \sin 3x}{cx^k} \\
&= \lim_{x \to 0} \frac{(3\sin x - 3x) - (\sin 3x - 3x)}{cx^k} \\
&= \lim_{x \to 0} \frac{\left(-\dfrac{3}{6}x^3\right) - \left[-\dfrac{(3x)^3}{6}\right]}{cx^k} \\
&= \lim_{x \to 0} \frac{4x^3}{cx^k},
\end{aligned}$$

则 $k = 3, c = 4$,故应选(C).

【分析三】 由题设知

$$1 = \lim_{x \to 0} \frac{3\sin x - \sin 3x}{cx^k}.$$

显然 $k = 1$ 时上式不成立,则排除(A)(B).从而 $k = 3$,只要确定 c 的正负,由极限保号性知在 $x = 0$ 某邻域内

$$\frac{3\sin x - \sin 3x}{cx^3} > 0.$$

而在 $x = 0$ 右半邻域内 $3\sin x - \sin 3x > 0$,则 $c > 0$,排除(D),故应选(C).

例 3 (2014 年 3)设 $p(x) = a + bx + cx^2 + dx^3$.当 $x \to 0$ 时,若 $p(x) - \tan x$ 是比 x^3 高阶的无穷小,则下列结论中错误的是( )

(A)$a = 0$.   (B)$b = 1$.   (C)$c = 0$.   (D)$d = \dfrac{1}{6}$.

【答案】 D

【分析一】 由泰勒公式知

$$\tan x = x + \frac{1}{3}x^3 + o(x^3),$$

则

$$\lim_{x \to 0} \frac{p(x) - \tan x}{x^3} = \lim_{x \to 0} \frac{a + (b-1)x + cx^2 + \left(d - \frac{1}{3}\right)x^3 + o(x^3)}{x^3} = 0,$$

则 $a = 0, b = 1, c = 0, d = \dfrac{1}{3}$,故应选(D).

【分析二】 由题设知

$$
\begin{aligned}
0 &= \lim_{x \to 0} \frac{p(x) - \tan x}{x^3} \\
&= \lim_{x \to 0} \frac{p(x) - x}{x^3} - \lim_{x \to 0} \frac{\tan x - x}{x^3} \\
&= \lim_{x \to 0} \frac{p(x) - x}{x^3} - \frac{1}{3},
\end{aligned}
$$

$$\lim_{x \to 0} \frac{p(x) - x}{x^3} = \lim_{x \to 0} \frac{a + (b-1)x + cx^2 + dx^3}{x^3} = \frac{1}{3},$$

则 $d = \dfrac{1}{3}$,故应选(D).

【分析三】 由题设得 $\tan x = p(x) + o(x^3)$.

则 $a = 0, b = 1, c = 0, d = \dfrac{1}{3}$,故应选(D).

例 4 (2020年1,2)当 $x \to 0^+$ 时,下列无穷小量中最高阶的是(   )

(A)$\displaystyle\int_0^x (e^{t^2} - 1)\,\mathrm{d}t$.   (B)$\displaystyle\int_0^x \ln(1 + \sqrt{t^3})\,\mathrm{d}t$.

(C)$\displaystyle\int_0^{\sin x} \sin t^2\,\mathrm{d}t$.   (D)$\displaystyle\int_0^{1-\cos x} \sqrt{\sin^3 t}\,\mathrm{d}t$.

【答案】 D

【分析】 利用以下结论估计每个无穷小的阶.

设 $f(x)$ 连续,且当 $x \to 0$ 时,$f(x)$ 是 x 的 n 阶无穷小,$\varphi(x)$ 是 x 的 m 阶无穷小,则当 $x \to 0$ 时,$\displaystyle\int_0^{\varphi(x)} f(t)\,\mathrm{d}t$ 为 x 的 $m(n+1)$ 阶无穷小.

$$\int_0^x (e^{t^2} - 1)\,\mathrm{d}t \qquad\qquad 1 \times (2+1) = 3(阶).$$

$$\int_0^x \ln(1 + \sqrt{t^3})\,\mathrm{d}t \qquad\qquad 1 \times \left(\frac{3}{2}+1\right) = \frac{5}{2}(阶).$$

$$\int_0^{\sin x} \sin t^2\,\mathrm{d}t \qquad\qquad 1 \times (2+1) = 3(阶).$$

$$\int_0^{1-\cos x} \sqrt{\sin^3 t}\,\mathrm{d}t \qquad\qquad 2 \times \left(\frac{3}{2}+1\right) = 5(阶).$$

故应选(D).

例 5　设 $f(x)$ 连续，$\lim\limits_{x\to 0}\dfrac{f(x)}{1-\cos x}=-1$，且当 $x\to 0$ 时 $\int_0^{1-\cos x}f(t)\mathrm{d}t$ 是 x 的 n 阶无穷小，则 n 等于（　　）

（A）3.　　　　　　（B）4.　　　　　　（C）5.　　　　　　（D）6.

【答案】　D

【分析】　由于

$$\lim_{x\to 0}\frac{f(x)}{1-\cos x}=\lim_{x\to 0}\frac{f(x)}{\frac{1}{2}x^2}=-1\neq 0.$$

则当 $x\to 0$ 时，$f(x)$ 是 x 的 2 阶无穷小，从而可知，当 $x\to 0$ 时 $\int_0^{1-\cos x}f(t)\mathrm{d}t$ 是 x 的 $2\times(2+1)=6$ 阶无穷小，故应选（D）.

例 6　设 $f(x)=\int_{\sin x}^{x}\ln(1+t)\mathrm{d}t,g(x)=\sqrt[3]{1+x^5}-\left(\dfrac{1}{\sqrt{1+x^4}}\right)^{\frac{1}{1-\sqrt[3]{\cos\sqrt{x}}}}$，则当 $x\to 0^+$ 时，$f(x)$ 是 $g(x)$ 的（　　）

（A）低阶无穷小.　　　　　　　　（B）高阶无穷小.

（C）等价无穷小.　　　　　　　　（D）同阶但不等价的无穷小.

【答案】　B

【分析】　由积分中值定理知

$$\int_{\sin x}^{x}\ln(1+t)\mathrm{d}t=(x-\sin x)\ln(1+\xi)\quad(\xi\text{ 介于 }\sin x\text{ 与 }x\text{ 之间}).$$

当 $x\to 0^+$ 时，$\ln(1+x)\sim x,\ln(1+\sin x)\sim x$，则 $\ln(1+\xi)\sim x$.

又 $x-\sin x\sim\dfrac{1}{6}x^3$，则当 $x\to 0$ 时 $\int_{\sin x}^{x}\ln(1+t)\mathrm{d}t$ 为 x 的 4 阶无穷小.

$$g(x)=(\sqrt[3]{1+x^5}-1)-\left[\left(\frac{1}{\sqrt{1+x^4}}\right)^{\frac{1}{1-\sqrt[3]{\cos\sqrt{x}}}}-1\right],$$

其中

$$\sqrt[3]{1+x^5}-1\sim\frac{1}{3}x^5\quad(5\text{ 阶}),$$

$$\left(\frac{1}{\sqrt{1+x^4}}\right)^{\frac{1}{1-\sqrt[3]{\cos\sqrt{x}}}}-1=(1+x^4)^{\frac{-1}{2(1-\sqrt[3]{\cos\sqrt{x}})}}-1$$

$$\sim\frac{-x^4}{2(1-\sqrt[3]{\cos\sqrt{x}})}\sim\frac{-x^4}{\frac{1}{3}(\sqrt{x})^2}$$

$$=-3x^3\quad(3\text{ 阶}).$$

则当 $x\to 0^+$ 时，$g(x)$ 是 x 的 3 阶无穷小，故应选（B）.

例 7　设 $f(x)=\int_0^{x}\left[(2+\sin t)^t-2^t\right]\mathrm{d}t,g(x)=\tan x-\arcsin x$，则当 $x\to 0$ 时，$f(x)$ 是 $g(x)$ 的（　　）

（A）低阶无穷小.　　　　　　　　（B）高阶无穷小.

（C）等价无穷小.　　　　　　　　（D）同阶但不等价的无穷小.

【答案】　C

【分析】　$$g(x)=(\tan x-x)-(\arcsin x-x)$$

$$\sim \left(\frac{1}{3}x^3\right) - \left(\frac{1}{6}x^3\right) = \frac{1}{6}x^3,$$

$$f(x) = \int_0^x 2^t \left[\left(1 + \frac{\sin t}{2}\right)^t - 1\right] dt$$

$$= 2^\xi \int_0^x \left[\left(1 + \frac{\sin t}{2}\right)^t - 1\right] dt$$

$$\sim \int_0^x \frac{t\sin t}{2} dt \sim \frac{1}{2}\int_0^x t^2 dt = \frac{1}{6}x^3.$$

则当 $x \to 0$ 时,$f(x)$ 与 $g(x)$ 是等价无穷小,故选(C).

例 8 (1996 年 1,2) 设 $f(x)$ 有连续的导数,$f(0) = 0$,$f'(0) \neq 0$,$F(x) = \int_0^x (x^2 - t^2)f(t)dt$ 且当 $x \to 0$ 时,$F'(x)$ 与 x^k 是同阶无穷小,则 $k = ($ $)$

(A)1.   (B)2.   (C)3.   (D)4.

【答案】 C

【分析一】 直接法

$$F(x) = x^2 \int_0^x f(t)dt - \int_0^x t^2 f(t)dt.$$

$$F'(x) = 2x\int_0^x f(t)dt + x^2 f(x) - x^2 f(x) = 2x\int_0^x f(t)dt.$$

$$\lim_{x \to 0} \frac{F'(x)}{x^k} = \lim_{x \to 0} \frac{2\int_0^x f(t)dt}{x^{k-1}} = \lim_{x \to 0} \frac{2f(x)}{(k-1)x^{k-2}}$$

$$= 2\lim_{x \to 0} \frac{f(x) - f(0)}{x - 0} \cdot \frac{1}{(k-1)x^{k-3}}$$

$$= 2f'(0)\lim_{x \to 0} \frac{1}{(k-1)x^{k-3}},$$

由 $\lim\limits_{x \to 0} \dfrac{F'(x)}{x^k}$ 存在且不等于 0,则 $k = 3$,故应选(C).

【分析二】 同分析一得

$$F'(x) = 2x\int_0^x f(t)dt.$$

由题设知 $\lim\limits_{x \to 0} \dfrac{f(x)}{x} = f'(0) \neq 0$,则当 $x \to 0$ 时,$f(x)$ 为 x 的一阶无穷小,从而

$$F'(x) = 2x\int_0^x f(t)dt$$

是 x 的 3 阶无穷小,$k = 3$,选(C).

【分析三】 排除法

令 $f(x) = x$,显然满足题设条件,则

$$F(x) = \int_0^x (x^2 - t^2)t\,dt = \frac{x^4}{2} - \frac{x^4}{4} = \frac{x^4}{4}.$$

$F'(x) = x^3$,则排除(A)(B)(D),故应选(C).

例 9 设 $g(x)$ 可导,且当 $x \to 0$ 时,$g(x)$ 是 x 的高阶无穷小,则当 $x \to 0$ 时,必有(   )

(A)$g'(x)$ 是无穷小量.

(B)$\dfrac{x}{g(x)}$ 是无穷大量.

(C) 若 $G'(x) = g(x)$,则 $G(x)$ 是 x^2 的高阶无穷小.

(D) $\int_0^x g(t)\mathrm{d}t$ 是 x^2 的高阶无穷小.

【答案】 D

【分析一】　直接法

$$\lim_{x \to 0} \frac{\int_0^x g(t)\mathrm{d}t}{x^2} = \lim_{x \to 0} \frac{g(x)}{2x} = 0,$$

则当 $x \to 0$ 时,$\int_0^x g(t)\mathrm{d}t$ 是 x^2 的高阶无穷小,故应选(D).

【分析二】　排除法

令 $g(x) = \begin{cases} x^2 \sin \dfrac{1}{x}, & x \neq 0, \\ 0, & x = 0, \end{cases}$ 显然,当 $x \to 0$ 时,$g(x)$ 是 x 的高阶无穷小,但

$$g'(x) = \begin{cases} 2x\sin \dfrac{1}{x} - \cos \dfrac{1}{x}, & x \neq 0, \\ 0, & x = 0. \end{cases}$$

此时 $\lim_{x \to 0} g'(x)$ 不存在,则排除(A).

此时 $\lim_{x \to 0} \dfrac{x}{g(x)} = \lim_{x \to 0} \dfrac{1}{x\sin \dfrac{1}{x}}$ 不存在,则排除(B).

令 $g(x) = x^2$,$G(x) = \dfrac{1}{3}x^3 + 1$,则排除(C),故应选(D).

例 10 已知当 $x \to 0$ 时,$\lim_{x \to 0} \dfrac{x^2 f(x) + \sin x - \tan x}{x^5} = 5$,则当 $x \to 0$ 时,$f(x)$ 是 x 的(　　)

(A) 等价无穷小. 　　　　　　　(B) 同阶但非等价的无穷小.

(C) 高阶无穷小. 　　　　　　　(D) 低阶无穷小.

【答案】 B

【分析】 由 $\lim_{x \to 0} \dfrac{x^2 f(x) + \sin x - \tan x}{x^5} = 5$ 知,

$$\lim_{x \to 0} \frac{x^2 f(x) + \sin x - \tan x}{x^5} \cdot x^2 = 0,$$

即

$$\lim_{x \to 0} \frac{f(x)}{x} + \lim_{x \to 0} \frac{\sin x - \tan x}{x^3} = 0,$$

又

$$\lim_{x \to 0} \frac{\sin x - \tan x}{x^3} = \lim_{x \to 0} \frac{\tan x(\cos x - 1)}{x^3} = \lim_{x \to 0} \frac{x\left(-\dfrac{1}{2}x^2\right)}{x^3} = -\frac{1}{2},$$

则 $\lim_{x \to 0} \dfrac{f(x)}{x} = \dfrac{1}{2}$,故选(B).

例 11 当 $x \to 0$ 时,$\tan(\tan x) - \sin(\sin x)$ 与 x^n 是等价无穷小,则 $n = $(　　)

(A)1. 　　　　(B)2. 　　　　(C)3. 　　　　(D)4.

【答案】 C

【分析一】　直接法

$$\sin(\sin x) = \sin x - \frac{1}{6}\sin^3 x + o(\sin^3 x)$$

$$= \left[x - \frac{1}{6}x^3 + o(x^3) \right] - \frac{1}{6} \left[x + o(x^3) \right]^3 + o(x^3)$$

$$= x - \frac{1}{3}x^3 + o(x^3),$$

$$\tan(\tan x) = \tan x + \frac{1}{3}\tan^3 x + o(\tan^3 x)$$

$$= \left[x + \frac{1}{3}x^3 + o(x^3) \right] + \frac{1}{3} \left[x + o(x^3) \right]^3 + o(x^3)$$

$$= x + \frac{2}{3}x^3 + o(x^3),$$

则 $\tan(\tan x) - \sin(\sin x) = x^3 + o(x^3)$.

于是 $n = 3$,故选(C).

【分析二】 **直接法**

由于 $\lim\limits_{x \to 0} \dfrac{\tan x - \sin x}{x^3} = \dfrac{1}{2}$,则

$$\lim_{x \to 0} \frac{\tan(\tan x) - \sin(\sin x)}{x^3} = \lim_{x \to 0} \frac{\tan(\tan x) - \sin(\tan x)}{x^3} + \lim_{x \to 0} \frac{\sin(\tan x) - \sin(\sin x)}{x^3}$$

$$= \lim_{x \to 0} \frac{\tan(\tan x) - \sin(\tan x)}{\tan^3 x} + \lim_{x \to 0} \frac{\cos \xi \cdot (\tan x - \sin x)}{x^3}$$

$$= \frac{1}{2} + \frac{1}{2} = 1.$$

故选(C).

【分析三】 **排除法**

由于 $\tan(\tan x) - \sin(\sin x)$ 为奇函数,则其在 $x = 0$ 的泰勒展开式中只有奇次项,则 n 只可能为 1 或 3,排除(B)(D).又

$$\lim_{x \to 0} \frac{\tan(\tan x) - \sin(\sin x)}{x} = \lim_{x \to 0} \frac{\tan(\tan x)}{x} - \lim_{x \to 0} \frac{\sin(\sin x)}{x} = 0,$$

则排除(A),故应选(C).

例 12 已知当 $x \to 0$ 时,$f(x) = 1 - \cos(\sin x) - \dfrac{1}{2}\ln(1 + x^2)$ 是 x 的 n 阶无穷小,则 $n = (\quad)$

(A)1.   (B)2.   (C)3.   (D)4.

【答案】 D

【分析一】 **直接法** 由泰勒公式知

$$f(x) = 1 - \left[1 - \frac{\sin^2 x}{2!} + \frac{\sin^4 x}{4!} + o(\sin^4 x) \right] - \frac{1}{2} \left[x^2 - \frac{x^4}{2} + o(x^4) \right]$$

$$= \frac{1}{2}(\sin^2 x - x^2) - \frac{\sin^4 x}{4!} + \frac{x^4}{4} + o(x^4),$$

$$\lim_{x \to 0} \frac{f(x)}{x^4} = \frac{1}{2} \lim_{x \to 0} \frac{\sin^2 x - x^2}{x^4} - \frac{1}{4!} + \frac{1}{4}$$

$$= \frac{1}{2} \lim_{x \to 0} \frac{(\sin x + x)(\sin x - x)}{x^4} - \frac{1}{24} + \frac{1}{4}$$

$$= \frac{1}{2} \lim_{x \to 0} \frac{2x \cdot \left(-\frac{1}{6}x^3 \right)}{x^4} - \frac{1}{24} + \frac{1}{4}$$

$$=-\frac{1}{6}-\frac{1}{24}+\frac{1}{4}=\frac{1}{24},$$

则 $n=4$，故应选(D).

【分析二】　**排除法**

由于 $f(x)$ 为偶函数，则 n 只可能为 2 或 4，则排除(A)(C)，又

$$\lim_{x\to0}\frac{f(x)}{x^2}=\lim_{x\to0}\frac{1-\cos(\sin x)}{x^2}-\frac{1}{2}\lim_{x\to0}\frac{\ln(1+x^2)}{x^2}$$

$$=\lim_{x\to0}\frac{\frac{1}{2}\sin^2 x}{x^2}-\frac{1}{2}$$

$$=\frac{1}{2}-\frac{1}{2}=0,$$

则排除(B)，故应选(D).

例 13　(2021 年1)设函数 $f(x)=\dfrac{\sin x}{1+x^2}$ 在 $x=0$ 处的 3 次泰勒多项式为 $ax+bx^2+cx^3$，则(　　)

(A) $a=1,b=0,c=-\dfrac{7}{6}$.　　　　　　(B) $a=1,b=0,c=\dfrac{7}{6}$.

(C) $a=-1,b=-1,c=-\dfrac{7}{6}$.　　　　(D) $a=-1,b=-1,c=\dfrac{7}{6}$.

【答案】　A

【分析一】　**直接法**　由泰勒公式知

$$f(x)=\left[x-\frac{x^3}{3!}+o(x^3)\right][1-x^2+o(x^2)]$$

$$=x-\frac{7}{6}x^3+o(x^3),$$

则 $a=1,b=0,c=-\dfrac{7}{6}$，故应选(A).

【分析二】　**直接法**

$$f(x)-x=\frac{\sin x}{1+x^2}-x\sim\sin x-x(1+x^2)$$

$$\sim-\frac{1}{6}x^3-x^3=-\frac{7}{6}x^3.$$

则

$$f(x)-x=-\frac{7}{6}x^3+o(x^3),$$

$$f(x)=x-\frac{7}{6}x^3+o(x^3),$$

故应选(A).

【分析三】　**排除法**

由于 $f(x)$ 为奇函数，则 $b=0$，排除(C)(D). 此时

$$f(x)=\frac{\sin x}{1+x^2}=x+cx^3+o(x^3).$$

由于当 $x\in\left(0,\dfrac{\pi}{2}\right)$ 时，$\sin x<x$，则有 $\dfrac{\sin x}{1+x^2}<x$，由此可知 $c<0$，则排除(B)，故应选(A).

例 14 (2022 年 2,3) 当 $x \to 0$ 时,$\alpha(x)$,$\beta(x)$ 是非零无穷小量,给出以下四个命题:

① 若 $\alpha(x) \sim \beta(x)$,则 $\alpha^2(x) \sim \beta^2(x)$.

② 若 $\alpha^2(x) \sim \beta^2(x)$,则 $\alpha(x) \sim \beta(x)$.

③ 若 $\alpha(x) \sim \beta(x)$,则 $\alpha(x) - \beta(x) = o[\alpha(x)]$.

④ 若 $\alpha(x) - \beta(x) = o[\alpha(x)]$,则 $\alpha(x) \sim \beta(x)$.

其中所有真命题的序号是(　　)

(A)①②.　　　　　(B)①④.　　　　　(C)①③④.　　　　　(D)②③④.

【答案】　C

【分析】　① 若 $\alpha(x) \sim \beta(x)$,则

$$\lim_{x \to 0} \frac{\alpha(x)}{\beta(x)} = 1, \text{从而} \lim_{x \to 0} \frac{\alpha^2(x)}{\beta^2(x)} = \lim_{x \to 0} \left[\frac{\alpha(x)}{\beta(x)} \right]^2 = 1,$$

即 $\alpha^2(x) \sim \beta^2(x)$,则命题 ① 正确.

② 若 $\alpha^2(x) \sim \beta^2(x)$,则 $\alpha(x) \sim \beta(x)$ 不一定成立.

如 $\alpha(x) = x, \beta(x) = -x$,故命题 ② 不正确.

③ 若 $\alpha(x) \sim \beta(x)$,则 $\lim\limits_{x \to 0} \dfrac{\alpha(x)}{\beta(x)} = 1$,从而

$$\lim_{x \to 0} \frac{\alpha(x) - \beta(x)}{\alpha(x)} = 1 - \lim_{x \to 0} \frac{\beta(x)}{\alpha(x)} = 0,$$

则 $\alpha(x) - \beta(x) = o[\alpha(x)]$,故命题 ③ 正确.

④ 若 $\alpha(x) - \beta(x) = o[\alpha(x)]$,则

$$\lim_{x \to 0} \frac{\alpha(x) - \beta(x)}{\alpha(x)} = 0,$$

即

$$1 - \lim_{x \to 0} \frac{\beta(x)}{\alpha(x)} = 0,$$

则 $\alpha(x) \sim \beta(x)$,故命题 ④ 正确,应选(C).

例 15 (2023 年 1,2) 当 $x \to 0$ 时,函数 $f(x) = ax + bx^2 + \ln(1+x)$ 与 $g(x) = \mathrm{e}^{x^2} - \cos x$ 是等价无穷小,则 $ab = $ _____.

【答案】　-2

【分析一】　由题设知

$$\begin{aligned}
1 &= \lim_{x \to 0} \frac{f(x)}{g(x)} = \lim_{x \to 0} \frac{ax + bx^2 + \ln(1+x)}{\mathrm{e}^{x^2} - \cos x} \\
&= \lim_{x \to 0} \frac{ax + bx^2 + \left[x - \dfrac{x^2}{2} + o(x^2) \right]}{[1 + x^2 + o(x^2)] - \left[1 - \dfrac{x^2}{2} + o(x^2) \right]} \quad \text{(泰勒公式)} \\
&= \lim_{x \to 0} \frac{(a+1)x + \left(b - \dfrac{1}{2} \right)x^2 + o(x^2)}{\dfrac{3}{2}x^2},
\end{aligned}$$

则 $a = -1, b = 2$. 故 $ab = -2$.

【分析二】

思考 & 笔记

例 16 （2023 年 2）已知 $\{x_n\},\{y_n\}$ 满足：$x_1 = y_1 = \dfrac{1}{2}$，$x_{n+1} = \sin x_n$，$y_{n+1} = y_n^2 (n = 1,2,\cdots)$，则当 $n \to \infty$ 时，（　　）

(A) x_n 是 y_n 的高阶无穷小.　　　　　(B) y_n 是 x_n 的高阶无穷小.

(C) x_n 与 y_n 是等价无穷小.　　　　　(D) x_n 与 y_n 是同阶但不等价的无穷小.

【答案】 B

【分析一】 由本题的 4 个选项可知，当 $n \to \infty$ 时，x_n 和 y_n 都是无穷小，设 $z_n = \dfrac{y_n}{x_n}$，则

$$\lim_{n\to\infty} \frac{z_{n+1}}{z_n} = \lim_{n\to\infty}\left(\frac{y_{n+1}}{x_{n+1}} \cdot \frac{x_n}{y_n}\right) = \lim_{n\to\infty}\left(\frac{y_n^2}{\sin x_n} \cdot \frac{x_n}{y_n}\right) = \lim_{n\to\infty} y_n = 0,$$

则 $\lim\limits_{n\to\infty} z_n = 0$，故当 $n \to \infty$ 时，y_n 是 x_n 的高阶无穷小. 选 (B).

【注】 这里用到结论：若 $\lim\limits_{n\to\infty} \dfrac{a_{n+1}}{a_n} = a$，且 $|a| < 1$，则 $\lim\limits_{n\to\infty} a_n = 0$.

【分析二】

思考 & 笔记

练习题

1. 已知当 $x \to 0$ 时，$e^{-x^2} - \cos\sqrt{2}x$ 与 ax^n 是等价无穷小，则（　　）

(A) $n = 3, a = \dfrac{1}{3}$.　　(B) $n = 4, a = \dfrac{1}{3}$.　　(C) $n = 2, a = 3$.　　(D) $n = 4, a = 3$.

2. 已知当 $x \to 0$ 时，$\arctan x - (ax + bx^2 + cx^3)$ 是比 x 高阶的无穷小，则 a, b, c 依次为（　　）

(A)$1, 0, -\dfrac{1}{3}$. 　　(B)$0, 1, \dfrac{1}{3}$. 　　(C)$1, \dfrac{1}{3}, 0$. 　　(D)$-1, 0, \dfrac{1}{3}$.

3. 已知当 $x \to 0$ 时，$2\arctan x - \ln\dfrac{1+x}{1-x}$ 是 x 的 n 阶无穷小，则 $n = $（　　）

(A)1. 　　　　(B)2. 　　　　(C)3. 　　　　(D)4.

4. （2021 年 2）设函数 $f(x) = \sec x$ 在 $x = 0$ 处的 2 次泰勒多项式为 $1 + ax + bx^2$，则（　　）

(A)$a = 1, b = -\dfrac{1}{2}$. 　(B)$a = 1, b = \dfrac{1}{2}$. 　(C)$a = 0, b = -\dfrac{1}{2}$. 　(D)$a = 0, b = \dfrac{1}{2}$.

5. 已知当 $x \to 0$ 时，$x - (a + b\cos x)\sin x$ 与 x^3 是等价无穷小，则（　　）

(A)$a = \dfrac{5}{3}, b = \dfrac{2}{3}$. 　　　　　　　(B)$a = -\dfrac{2}{3}, b = \dfrac{5}{3}$.

(C)$a = \dfrac{2}{3}, b = -\dfrac{5}{3}$. 　　　　　　(D)$a = -\dfrac{2}{3}, b = -\dfrac{5}{3}$.

6. 把 $x \to 0^+$ 时的无穷小 $\alpha = \sqrt[3]{1+x^2} - \sqrt[3]{1-x^2}$，$\beta = \displaystyle\int_{\sin x}^{x^2} \ln(1 + \sqrt{t}) \mathrm{d}t$，$\gamma = \displaystyle\int_0^x t\tan\sqrt{x^2 - t^2}\, \mathrm{d}t$ 进行排序，使排在后面的是前一个的高阶无穷小，则正确的排序是（　　）

(A)α, β, γ. 　　(B)α, γ, β. 　　(C)β, α, γ. 　　(D)β, γ, α.

7. 已知当 $n \to \infty$ 时，$\mathrm{e}^2 - \left(1 + \dfrac{1}{n}\right)^{2n}$ 与 $\dfrac{a}{n}$ 是等价无穷小，则 $a = $（　　）

(A)2. 　　　　(B)$\dfrac{1}{2}$. 　　　　(C)e. 　　　　(D)e^2.

8. 当 $x \to 0^+$ 时，$(1 + x^3)^{\frac{2}{x}} - (a + bx + cx^2)$ 是比 x^2 高阶的无穷小，则（　　）

(A)$a = \mathrm{e}, b = 1, c = 2$. 　　　　　　(B)$a = \mathrm{e}, b = 2, c = 1$.

(C)$a = 1, b = \mathrm{e}, c = \dfrac{\mathrm{e}}{2}$. 　　　　　(D)$a = 1, b = 0, c = 2$.

答　案

1. B；　2. A；　3. C；　4. D；　5. B；　6. C；　7. D；　8. D.

四、函数连续性及间断点类型

常用结论

(1) 第一类间断点：左，右极限均存在的间断点.

可去间断点：左，右极限存在且相等的间断点；

跳跃间断点：左，右极限都存在但不相等的间断点.

(2) 第二类间断点：左，右极限中至少有一个不存在的间断点.

无穷间断点:如 $x = 0$ 为 $f(x) = \dfrac{1}{x}$ 的无穷间断点;

振荡间断点:如 $x = 0$ 为 $f(x) = \sin\dfrac{1}{x}$ 的振荡间断点.

例 1 (2008 年 2)设函数 $f(x) = \dfrac{\ln|x|}{|x-1|}\sin x$,则 $f(x)$ 有(　　)

(A)1 个可去间断点,1 个跳跃间断点. 　　(B)1 个可去间断点,1 个无穷间断点.

(C)2 个跳跃间断点. 　　　　　　　　　(D)2 个无穷间断点.

【答案】 A

【分析】 $f(x)$ 只有两个间断点,分别为 $x = 0, x = 1$,

$$\lim_{x \to 0} f(x) = \lim_{x \to 0} \ln|x| \cdot \sin x$$
$$= \lim_{x \to 0} x\ln|x| = 0,$$

则 $x = 0$ 为可去间断点.

$$\lim_{x \to 1} f(x) = \sin 1 \cdot \lim_{x \to 1} \frac{\ln x}{|x-1|}$$
$$= \sin 1 \cdot \lim_{x \to 1} \frac{x-1}{|x-1|}$$
$$= \begin{cases} \sin 1, & x \to 1^+, \\ -\sin 1, & x \to 1^-, \end{cases}$$

则 $x = 1$ 为跳跃间断点,故应选(A).

例 2 (2020 年 2,3)函数 $f(x) = \dfrac{e^{\frac{1}{x-1}}\ln|1+x|}{(e^x - 1)(x-2)}$ 的第二类间断点的个数为(　　)

(A)1. 　　　　(B)2. 　　　　(C)3. 　　　　(D)4.

【答案】 C

【分析】 $f(x)$ 有 4 个间断点,分别为 $-1, 0, 1, 2$.

$$\lim_{x \to -1} f(x) = \lim_{x \to -1} \frac{e^{\frac{1}{x-1}}\ln|1+x|}{(e^x-1)(x-2)} = \infty,$$
$$\lim_{x \to 0} f(x) = -\frac{1}{2e}\lim_{x \to 0}\frac{\ln(1+x)}{x} = -\frac{1}{2e},$$
$$\lim_{x \to 1^+} f(x) = \infty, \quad \lim_{x \to 1^-} f(x) = 0,$$
$$\lim_{x \to 2} f(x) = \infty,$$

所以,$x = 0$ 为可去间断点,其余 3 个均为第二类间断点,故应选(C).

例 3 (2024 年 2)函数 $f(x) = |x|^{\frac{1}{(1-x)(x-2)}}$ 的第一类间断点的个数是(　　)

(A)3. 　　　　(B)2. 　　　　(C)1. 　　　　(D)0.

【答案】 C

【分析】 $f(x)$ 有 3 个间断点,$x = 0, x = 1, x = 2$. 由于

$$\lim_{x \to 0} f(x) = \lim_{x \to 0} |x|^{\frac{1}{(1-x)(x-2)}} = \infty,$$

则 $x = 0$ 为第二类间断点. 由于

$$\lim_{x \to 1} f(x) = \lim_{x \to 1} x^{\frac{1}{(1-x)(x-2)}} = \lim_{x \to 1} [1+(x-1)]^{\frac{1}{(1-x)(x-2)}} = e,$$

则 $x = 1$ 为第一类间断点. 由于

$$\lim_{x \to 2^-} f(x) = \lim_{x \to 2^-} x^{\frac{1}{(1-x)(x-2)}} = 2^{+\infty} = +\infty,$$

则 $x = 2$ 为第二类间断点,故应选(C).

例 **4** (2024 年 3) 设函数 $f(x) = \lim\limits_{n \to \infty} \dfrac{1+x}{1+nx^{2n}}$,则 $f(x)$( )

(A) 在 $x = 1, x = -1$ 处都连续.　　　(B) 在 $x = 1$ 处连续,在 $x = -1$ 处不连续.

(C) 在 $x = 1, x = -1$ 处都不连续.　　(D) 在 $x = 1$ 处不连续,在 $x = -1$ 处连续.

【答案】 D

【分析】 当 $|x| \geqslant 1$ 时,$f(x) = \lim\limits_{n \to \infty} \dfrac{1+x}{1+nx^{2n}} = 0.$

当 $|x| < 1$ 时,$f(x) = \lim\limits_{n \to \infty} \dfrac{1+x}{1+nx^{2n}} = 1 + x.$ 这里

$$\lim_{n \to \infty} nx^{2n} = \lim_{n \to \infty} \frac{n}{\left(\dfrac{1}{x^2}\right)^n} = 0.$$

在 $x = -1$ 处,$f(-1-0) = \lim\limits_{x \to -1^-} f(x) = \lim\limits_{x \to -1^-} 0 = 0,$

$$f(-1+0) = \lim_{x \to -1^+} f(x) = \lim_{x \to -1^+} (1+x) = 0,$$

又 $f(-1) = 0$,则 $f(x)$ 在 $x = -1$ 处连续.

在 $x = 1$ 处,$f(1-0) = \lim\limits_{x \to 1^-} f(x) = \lim\limits_{x \to 1^-} (1+x) = 2,$

$$f(1+0) = \lim_{x \to 1^+} f(x) = \lim_{x \to 1^+} 0 = 0,$$

则 $f(x)$ 在 $x = 1$ 处不连续,故应选(D).

例 **5** 已知函数 $f(x) = \dfrac{(x^2+a^2)(x-1)}{e^{\frac{1}{x}} + b}$ 在 $(-\infty, +\infty)$ 上有一个可去间断点和一

个跳跃间断点,则( )

(A)$a \neq 0, b = -1.$　　　　　　　　(B)$a = 0, b = -1.$

(C)$a \neq 0, b = -e.$　　　　　　　　(D)$a = 0, b = -e.$

【答案】 C

【分析】 显然 $x = 0$ 为 $f(x)$ 的一个间断点,又 $e^{\frac{1}{x}} > 0$,则 $b < 0$(否则 $f(x)$ 只有一个间断点).设另一个间断点为 x_0,则

$$e^{\frac{1}{x_0}} + b = 0.$$

由于 x_0 只能是可去或跳跃间断点,则 $x_0 = 1, b = -e.$

$$\lim_{x \to 1} f(x) = \lim_{x \to 1} \frac{(x^2+a^2)(x-1)}{e^{\frac{1}{x}} - e}$$

$$= (1+a^2) \lim_{x \to 1} \frac{x-1}{e^{\frac{1}{x}} - e}$$

$$= (1+a^2) \lim_{x \to 1} \frac{1}{\left(-\dfrac{1}{x^2}\right)e^{\frac{1}{x}}} = -\frac{1+a^2}{e},$$

则 $x = 1$ 为可去间断点.

$$\lim_{x \to 0^-} f(x) = \lim_{x \to 0^-} \frac{(x^2+a^2)(x-1)}{e^{\frac{1}{x}} - e} = \frac{a^2}{e},$$

$$\lim_{x \to 0^+} f(x) = \lim_{x \to 0^+} \frac{(x^2+a^2)(x-1)}{e^{\frac{1}{x}} - e} = 0,$$

则 $a \neq 0$,故应选(C).

例 6 设 $f(x) = \lim\limits_{n \to \infty} \dfrac{(n-1)(x^2-1)+x}{2+n\ln|x|}$，则 $f(x)$ 的第一类间断点的个数为（　　）

(A)1.　　　　　　(B)2.　　　　　　(C)3.　　　　　　(D)4.

【答案】 C

【分析】
$$f(x) = \begin{cases} \dfrac{x^2-1}{\ln|x|}, & x \neq \pm 1, \\[2mm] \dfrac{1}{2}, & x = 1, \\[2mm] -\dfrac{1}{2}, & x = -1, \end{cases}$$

$f(0)$ 无意义，又

$$\lim_{x \to 0} f(x) = \lim_{x \to 0} \frac{x^2-1}{\ln|x|} = 0,$$

则 $x = 0$ 为 $f(x)$ 的可去间断点.

$$\lim_{x \to 1} f(x) = \lim_{x \to 1} \frac{x^2-1}{\ln|x|} = \lim_{x \to 1} \frac{2x}{\dfrac{1}{x}} = 2,$$

$f(1) = \dfrac{1}{2}$，则 $x = 1$ 为 $f(x)$ 的可去间断点，同理 $x = -1$ 也为 $f(x)$ 的可去间断点，故应选(C).

练习题

1. 设 $f(x) = \begin{cases} 1, & x \neq 0, \\ 0, & x = 0, \end{cases}$ $g(x) = \begin{cases} x\sin\dfrac{1}{x}, & x \neq 0, \\ 1, & x = 0, \end{cases}$ 则在 $x = 0$ 处有间断点的函数是（　　）

(A)$\max\{f(x), g(x)\}$.　　　　　　(B)$\min\{f(x), g(x)\}$.

(C)$f(x) - g(x)$.　　　　　　(D)$f(x) + g(x)$.

2. 函数 $f(x) = \dfrac{x\ln|x|}{|x-1|}$ 的跳跃间断点的个数为（　　）

(A)1.　　　　　　(B)2.　　　　　　(C)3.　　　　　　(D)4.

3. 设 $f(x) = \lim\limits_{n \to \infty} \dfrac{2e^{(n+1)x}+1}{e^{nx}+x^n+1}$，则 $f(x)$（　　）

(A) 仅有一个可去间断点.　　　　　　(B) 仅有一个跳跃间断点.

(C) 有两个可去间断点.　　　　　　(D) 有两个跳跃间断点.

答 案

1. C；2. A；3. D.

第二章　一元函数微分学

一、导数概念及可导性判断

常用结论

(1) 导数　$f'(x_0) = \lim\limits_{\Delta x \to 0} \dfrac{f(x_0 + \Delta x) - f(x_0)}{\Delta x} = \lim\limits_{x \to x_0} \dfrac{f(x) - f(x_0)}{x - x_0}$.

(2) 左导数　$f'_-(x_0) = \lim\limits_{\Delta x \to 0^-} \dfrac{f(x_0 + \Delta x) - f(x_0)}{\Delta x} = \lim\limits_{x \to x_0^-} \dfrac{f(x) - f(x_0)}{x - x_0}$.

(3) 右导数　$f'_+(x_0) = \lim\limits_{\Delta x \to 0^+} \dfrac{f(x_0 + \Delta x) - f(x_0)}{\Delta x} = \lim\limits_{x \to x_0^+} \dfrac{f(x) - f(x_0)}{x - x_0}$.

(4) 定理　可导 $\Leftrightarrow$ 左右导数都存在且相等.

(5) 设 $f(x) = \varphi(x)|x - a|$,其 $\varphi(x)$ 在 $x = a$ 处连续,则 $f(x)$ 在 $x = a$ 处可导的充要条件是 $\varphi(a) = 0$.

(6) 设 $f(x) = x^n|x|$,则 $f^{(n)}(0)$ 存在, $f^{(n+1)}(0)$ 不存在.

(7) 设 $f(x)$ 连续

　① 若 $f(x_0) \neq 0$,则 $|f(x)|$ 在 x_0 处可导 $\Leftrightarrow f(x)$ 在 x_0 处可导;

　② 若 $f(x_0) = 0$,则 $|f(x)|$ 在 x_0 处可导 $\Leftrightarrow f'(x_0) = 0$.

例 1　函数 $f(x) = \displaystyle\int_0^1 e^{x^2 t^2}\, dt$,在 $x = 0$ 处（　　　）

(A) 连续但不可导.　　　　　　　　(B) 可导且导数不为 0.

(C) 导数为 0 且取极小值.　　　　　(D) 导数为 0 且取极大值.

【答案】　C

【分析一】　令 $xt = u$,则

$$f(x) = \begin{cases} \dfrac{\displaystyle\int_0^x e^{u^2}\, du}{x}, & x \neq 0, \\[4mm] 1, & x = 0, \end{cases}$$

$$f'(0) = \lim_{x \to 0} \frac{\dfrac{\int_0^x e^{u^2}\, du}{x} - 1}{x} = \lim_{x \to 0} \frac{\int_0^x e^{u^2}\, du - x}{x^2} = \lim_{x \to 0} \frac{e^{x^2} - 1}{2x} = \lim_{x \to 0} \frac{x^2}{2x} = 0.$$

当 $x \neq 0$ 时, $f'(x) = \dfrac{xe^{x^2} - \displaystyle\int_0^x e^{u^2}\, du}{x^2} = \dfrac{x(e^{x^2} - e^{\xi^2})}{x^2}$ (ξ 介于 0 与 x 之间).

当 $x > 0$ 时, $f'(x) > 0$;当 $x < 0$ 时, $f'(x) < 0$. 则 $f(x)$ 在 $x = 0$ 处取极小值,故选(C).

【分析二】 显然 $f(0) = 1$,又

$$f'(0) = \lim_{x \to 0} \frac{\int_0^1 e^{x^2 t^2} dt - 1}{x}$$

$$= \lim_{x \to 0} \frac{e^{x^2 \xi^2} - 1}{x} \quad (0 < \xi < 1)$$

$$= \lim_{x \to 0} \frac{x^2 \xi^2}{x} = 0.$$

又当 $x \neq 0$ 且 $t \neq 0$ 时,$e^{x^2 t^2} > 1$,则当 $x \neq 0$ 时,

$$f(x) = \int_0^1 e^{x^2 t^2} dt > 1 = f(0),$$

则 $f(x)$ 在 $x = 0$ 处取极小值,故应选(C).

【分析三】

$$f(x) = \int_0^1 e^{x^2 t^2} dt$$

$$= \int_0^1 (1 + x^2 t^2 + \cdots) dt$$

$$= 1 + \frac{x^2}{3} + \cdots,$$

则 $f'(0) = 0, f''(0) = \frac{2}{3}$,则 $f(x)$ 在 $x = 0$ 处取极小值,故应选(C).

例 2 (2016 年 1) 已知函数 $f(x) = \begin{cases} x, & x \leqslant 0, \\ \dfrac{1}{n}, & \dfrac{1}{n+1} < x \leqslant \dfrac{1}{n}, \end{cases} n = 1, 2, \cdots$,则( )

(A)$x = 0$ 是 $f(x)$ 的第一类间断点. (B)$x = 0$ 是 $f(x)$ 的第二类间断点.

(C)$f(x)$ 在 $x = 0$ 处连续但不可导. (D)$f(x)$ 在 $x = 0$ 处可导.

【答案】 D

【分析】

$$f'_-(0) = \lim_{x \to 0^-} \frac{f(x) - f(0)}{x} = \lim_{x \to 0^-} \frac{x}{x} = 1,$$

$$f'_+(0) = \lim_{x \to 0^+} \frac{f(x) - f(0)}{x} = \lim_{x \to 0^+} \frac{f(x)}{x}.$$

且当 $\dfrac{1}{n+1} < x \leqslant \dfrac{1}{n}$ 时,$1 \leqslant \dfrac{f(x)}{x} < \dfrac{n+1}{n}$,所以 $f'_+(0) = 1$,则 $f(x)$ 在 $x = 0$ 处可导,故应选(D).

例 3 (2018 年 1,2,3)下列函数中,在 $x = 0$ 处不可导的是( )

(A)$f(x) = |x| \sin |x|$. (B)$f(x) = |x| \sin \sqrt{|x|}$.

(C)$f(x) = \cos |x|$. (D)$f(x) = \cos \sqrt{|x|}$.

【答案】 D

【分析一】 **直接法** 由导数定义知,当 $f(x) = \cos \sqrt{|x|}$ 时,

$$f'(0) = \lim_{x \to 0} \frac{f(x) - f(0)}{x} = \lim_{x \to 0} \frac{\cos \sqrt{|x|} - 1}{x}$$

$$= \lim_{x \to 0} \frac{-\frac{1}{2}(\sqrt{|x|})^2}{x} = -\frac{1}{2} \lim_{x \to 0} \frac{|x|}{x},$$

极限 $\lim\limits_{x\to 0}\dfrac{|x|}{x}$ 不存在,则 $f(x)$ 在 $x=0$ 处不可导,故应选(D).

【分析二】 排除法

由结论:若 $g(x)$ 在 $x=a$ 处连续,则 $f(x)=|x-a|g(x)$ 在 $x=a$ 处可导的充要条件是 $g(a)=0$.

本题(A)(B)选项中 $\sin|x|$ 与 $\sin\sqrt{|x|}$ 在 $x=0$ 处都为 0,则 $|x|\sin|x|$ 与 $|x|\sin\sqrt{|x|}$ 在 $x=0$ 处可导,排除(A)(B).

对于(C),$f(x)=\cos|x|=\cos x$,

则 $f(x)=\cos|x|$ 在 $x=0$ 处可导,排除(C),故应选(D).

例 4 (2020 年 1) 设函数 $f(x)$ 在区间 $(-1,1)$ 内有定义,且 $\lim\limits_{x\to 0}f(x)=0$,则(　　)

(A) 当 $\lim\limits_{x\to 0}\dfrac{f(x)}{\sqrt{|x|}}=0$ 时,$f(x)$ 在 $x=0$ 处可导.

(B) 当 $\lim\limits_{x\to 0}\dfrac{f(x)}{x^2}=0$ 时,$f(x)$ 在 $x=0$ 处可导.

(C) 当 $f(x)$ 在 $x=0$ 处可导时,$\lim\limits_{x\to 0}\dfrac{f(x)}{\sqrt{|x|}}=0$.

(D) 当 $f(x)$ 在 $x=0$ 处可导时,$\lim\limits_{x\to 0}\dfrac{f(x)}{x^2}=0$.

【答案】 C

【分析一】 直接法

当 $f(x)$ 在 $x=0$ 处可导时,$\lim\limits_{x\to 0}f(x)=0=f(0)$,且

$$\lim\limits_{x\to 0}\dfrac{f(x)}{x}=f'(0),$$

所以 $\lim\limits_{x\to 0}\dfrac{f(x)}{\sqrt{|x|}}=\lim\limits_{x\to 0}\left[\dfrac{f(x)}{x}\cdot\dfrac{x}{\sqrt{|x|}}\right]=f'(0)\cdot 0=0$,故应选(C).

【分析二】 排除法

由导数定义知 $f(x)$ 在 $x=0$ 处导数是与该点函数值有关的,而条件 $\lim\limits_{x\to 0}f(x)=0$,$\lim\limits_{x\to 0}\dfrac{f(x)}{\sqrt{|x|}}=0$,$\lim\limits_{x\to 0}\dfrac{f(x)}{x^2}=0$ 都与 $f(x)$ 在 $x=0$ 处值无关.所以,排除(A)(B),事实上若取

$$f(x)=\begin{cases}x^3, & x\neq 0,\\ 1, & x=0,\end{cases}$$

则 $\lim\limits_{x\to 0}f(x)=0$,$\lim\limits_{x\to 0}\dfrac{f(x)}{\sqrt{|x|}}=0$,$\lim\limits_{x\to 0}\dfrac{f(x)}{x^2}=0$,但 $f(x)$ 在 $x=0$ 处不可导,因为 $f(x)$ 在该点不连续.

若取 $f(x)=x$,则 $\lim\limits_{x\to 0}f(x)=0$,且 $f(x)$ 在 $x=0$ 处可导,但

$$\lim\limits_{x\to 0}\dfrac{f(x)}{x^2}=\lim\limits_{x\to 0}\dfrac{x}{x^2}=\infty\neq 0,$$

则排除(D),故应选(C).

例 5 (2020 年 3) 设 $\lim\limits_{x \to a} \dfrac{f(x) - a}{x - a} = b$，则 $\lim\limits_{x \to a} \dfrac{\sin f(x) - \sin a}{x - a} = ($ ____ $)$

(A)$b\sin a$.   (B)$b\cos a$.   (C)$b\sin f(a)$.   (D)$b\cos f(a)$.

【答案】 B

【分析一】 **直接法**

令

$$F(x) = \begin{cases} f(x), & x \neq a, \\ a, & x = a. \end{cases}$$

则

$$b = \lim_{x \to a} \frac{F(x) - F(a)}{x - a} = F'(a),$$

$$\lim_{x \to a} \frac{\sin f(x) - \sin a}{x - a} = \lim_{x \to a} \frac{\sin[F(x)] - \sin[F(a)]}{x - a}$$

$$= \left. \left[\sin F(x)\right]' \right|_{x=a} = b\cos a,$$

故应选(B).

【分析二】 **直接法**

$$\lim_{x \to a} \frac{\sin f(x) - \sin a}{x - a} = \lim_{x \to a} \frac{\cos \xi \cdot \left[f(x) - a\right]}{x - a} \quad (\xi \text{ 介于 } a \text{ 与 } f(x) \text{ 之间})$$

$$= b\cos a.$$

【分析三】 **直接法**

$$\lim_{x \to a} \frac{\sin f(x) - \sin a}{x - a} = \lim_{x \to a} \frac{2\sin \dfrac{f(x) - a}{2} \cdot \cos \dfrac{f(x) + a}{2}}{x - a}$$

$$= \cos a \lim_{x \to a} \frac{f(x) - a}{x - a} = b\cos a.$$

【分析四】 **排除法**

令 $f(x) = a + b(x - a)(x \neq a)$，则

$$\lim_{x \to a} \frac{\sin f(x) - \sin a}{x - a} = \lim_{x \to a} \frac{\sin[a + b(x - a)] - \sin a}{x - a}$$

$$= \lim_{x \to a} \frac{b\cos[a + b(x - a)]}{1}$$

$$= b\cos a,$$

则排除(A)(C)(D)，故应选(B).

【分析五】 **排除法**

令 $f(x) = x(x \neq a)$，则 $\lim\limits_{x \to a} \dfrac{f(x) - a}{x - a} = \lim\limits_{x \to a} \dfrac{x - a}{x - a} = 1 = b$，

$$\lim_{x \to a} \frac{\sin f(x) - \sin a}{x - a} = \lim_{x \to a} \frac{\sin x - \sin a}{x - a} = \cos a,$$

则排除(A)(C)(D)，故应选(B).

【分析六】 **排除法**

条件 $\lim\limits_{x \to a} \dfrac{f(x) - a}{x - a} = b$ 确定不了 $f(a)$，所以，排除(C)(D). 此时，取 $a = 0, b = 1$，则有

$\lim\limits_{x \to 0} \dfrac{f(x)}{x} = 1$，则

$$\lim_{x\to 0}\frac{\sin f(x)-\sin a}{x-a}=\lim_{x\to 0}\frac{\sin f(x)}{x}=\lim_{x\to 0}\frac{f(x)}{x}=1.$$

则排除(A),故应选(B).

例 6 (2022 年 1)设函数 $f(x)$ 满足 $\lim\limits_{x\to 1}\dfrac{f(x)}{\ln x}=1$,则( )

(A)$f(1)=0.$ (B)$\lim\limits_{x\to 1}f(x)=0.$ (C)$f'(1)=1.$ (D)$\lim\limits_{x\to 1}f'(x)=1.$

【答案】 B

【分析一】 直接法

由于 $\lim\limits_{x\to 1}\dfrac{f(x)}{\ln x}=1$,且 $\lim\limits_{x\to 1}\ln x=0$,则 $\lim\limits_{x\to 1}f(x)=0$,故应选(B).

【分析二】 排除法

令 $f(x)=\begin{cases}\ln x, & x\neq 1\\ 1, & x=1,\end{cases}$ 则 $\lim\limits_{x\to 1}\dfrac{f(x)}{\ln x}=\lim\limits_{x\to 1}\dfrac{\ln x}{\ln x}=1$,但 $f(1)=1\neq 0$,且 $f'(1)$ 不存在(由于 $f(x)$ 在 $x=1$ 处不连续),从而排除(A)(C).

令 $f(x)=\ln x+(x-1)^2\sin\dfrac{1}{x-1}$,则

$$\lim_{x\to 1}\frac{f(x)}{\ln x}=\lim_{x\to 1}\frac{\ln x}{\ln x}+\lim_{x\to 1}\frac{(x-1)^2\sin\dfrac{1}{x-1}}{\ln[1+(x-1)]}$$
$$=1+\lim_{x\to 1}\frac{(x-1)^2\sin\dfrac{1}{x-1}}{x-1}$$
$$=1.$$

当 $x\neq 1$ 时,$f'(x)=\dfrac{1}{x}+2(x-1)\sin\dfrac{1}{x-1}-\cos\dfrac{1}{x-1}.$

由于 $\lim\limits_{x\to 1}\cos\dfrac{1}{x-1}$ 不存在,则 $\lim\limits_{x\to 1}f'(x)$ 不存在,排除(D),故应选(B).

例 7 (1996 年 2)设函数 $f(x)$ 在区间 $(-\delta,\delta)$ 内有定义,若当 $x\in(-\delta,\delta)$ 时,恒有 $|f(x)|\leqslant x^2$,则 $x=0$ 必是 $f(x)$ 的( )

(A) 间断点.   (B) 连续而不可导的点.

(C) 可导的点,且 $f'(0)=0.$ (D) 可导的点,且 $f'(0)\neq 0.$

【答案】 C

【分析一】 直接法

由 $|f(x)|\leqslant x^2$ 知,$f(0)=0$,$\lim\limits_{x\to 0}f(x)=0=f(0)$,则 $f(x)$ 在 $x=0$ 处连续,又

$$\left|\frac{f(x)}{x}\right|\leqslant\frac{x^2}{|x|}=|x|.$$

则 $\lim\limits_{x\to 0}\left|\dfrac{f(x)}{x}\right|=0$,从而 $\lim\limits_{x\to 0}\dfrac{f(x)}{x}=0=f'(0)$,故选(C).

【分析二】 排除法

令 $f(x)\equiv 0$,显然满足题设条件,该 $f(x)$ 在 $x=0$ 处可导且 $f'(0)=0$,则排除

(A)(B)(D),故应选(C).

例 8 设 $f''(a)$ 存在,且 $f(a)=0$,$g(x)=\begin{cases} \dfrac{f(x)}{x-a}, & x\neq a, \\ f'(a), & x=a, \end{cases}$ 则 $g(x)$ 在 $x=a$ 处(　　)

(A) 不连续.　　　　　　　　　　(B) 连续但不可导.

(C) 可导但导函数不连续.　　　　(D) 导函数连续.

【答案】　D

【分析一】　**直接法**

$$\lim_{x\to a}g(x)=\lim_{x\to a}\frac{f(x)}{x-a}=\lim_{x\to a}\frac{f(x)-f(a)}{x-a}=f'(a)=g(a),$$

则 $g(x)$ 在 $x=a$ 处连续.又

$$g'(a)=\lim_{x\to a}\frac{g(x)-g(a)}{x-a}=\lim_{x\to a}\frac{\dfrac{f(x)}{x-a}-f'(a)}{x-a}$$

$$=\lim_{x\to a}\frac{f(x)-f'(a)(x-a)}{(x-a)^2}$$

$$=\lim_{x\to a}\frac{f'(x)-f'(a)}{2(x-a)}=\frac{f''(a)}{2}.$$

当 $x\neq a$ 时,

$$g'(x)=\frac{(x-a)f'(x)-f(x)}{(x-a)^2},$$

$$\lim_{x\to a}g'(x)=\lim_{x\to a}\frac{(x-a)f'(x)-f(x)}{(x-a)^2}$$

$$=\lim_{x\to a}\frac{(x-a)[f'(x)-f'(a)]}{(x-a)^2}-\lim_{x\to a}\frac{f(x)-f'(a)(x-a)}{(x-a)^2}$$

$$=f''(a)-\frac{f''(a)}{2}=\frac{f''(a)}{2}=g'(a),$$

则在 $x=0$ 处,$g(x)$ 的导函数连续,故选(D).

【分析二】　**排除法**

令 $f(x)=x-a$,则

$$g(x)=1.$$

显然,$g(x)=1$ 在 $x=a$ 处连续,可导,且导函数连续,则排除(A)(B)(C),故应选(D).

例 9 (2015 年 2) 设 $f(x)=\begin{cases} x^\alpha\sin\dfrac{1}{x^\beta}, & x>0, \\ 0, & x\leqslant 0 \end{cases}$ $(\alpha>0,\beta>0)$. 若 $f'(x)$ 在 $x=0$ 处连续,则(　　)

(A)$\alpha-\beta>1$.　　　　　　　　(B)$0<\alpha-\beta\leqslant 1$.

(C)$\alpha-\beta>2$.　　　　　　　　(D)$0<\alpha-\beta\leqslant 2$.

【答案】　A

【分析】　由于当 $x\leqslant 0$ 时,$f(x)=0$,则当 $x<0$ 时,$f'(x)=0$,$f'_-(0)=0$.

由于 $f(x)$ 在 $x=0$ 处可导,则

$$f'(0) = f'_+(0) = \lim_{x \to 0^+} \frac{x^\alpha \sin \frac{1}{x^\beta} - 0}{x - 0} = \lim_{x \to 0^+} x^{\alpha-1} \sin \frac{1}{x^\beta} = f'_-(0) = 0,$$

则 $\alpha - 1 > 0$，又当 $x > 0$ 时

$$f'(x) = \alpha x^{\alpha-1} \sin \frac{1}{x^\beta} - \beta x^{\alpha-\beta-1} \cos \frac{1}{x^\beta}.$$

由于 $f'(x)$ 在 $x = 0$ 处连续，则有

$$\lim_{x \to 0^+} f'(x) = \lim_{x \to 0^+} \left(\alpha x^{\alpha-1} \sin \frac{1}{x^\beta} - \beta x^{\alpha-\beta-1} \cos \frac{1}{x^\beta} \right) = f'(0) = 0,$$

可知 $\alpha - \beta - 1 > 0$，即 $\alpha - \beta > 1$，故选(A).

【注】 由本题求解过程可得以下结论:

设 $f(x) = \begin{cases} x^\alpha \sin \frac{1}{x^\beta}, & x > 0, \\ 0, & x \le 0 \end{cases}$ $(\alpha > 0, \beta > 0)$，则

(1) 当 $\alpha > 0$ 时，$f(x)$ 在点 $x = 0$ 处连续;

(2) 当 $\alpha > 1$ 时，$f(x)$ 在点 $x = 0$ 处可导;

(3) 当 $\alpha - \beta > 1$ 时，$f(x)$ 的导函数在点 $x = 0$ 处连续.

例10 (2003年3) 设 $f(x) = \begin{cases} x^\lambda \cos \frac{1}{x}, & x > 0, \\ 0, & x \le 0, \end{cases}$ 其导函数在 $x = 0$ 处连续，则 λ 的取

值范围是(   )

(A)$\lambda > 0$.　　　(B)$\lambda > 1$.　　　(C)$\lambda \ge 2$.　　　(D)$\lambda > 2$.

【答案】 D

【分析】 由上题注中结论知，当 $\lambda - 1 > 1$，即 $\lambda > 2$ 时，$f(x)$ 的导函数在 $x = 0$ 处连续，故应选(D).

【注】 原题为:设 $f(x) = \begin{cases} x^\lambda \cos \frac{1}{x}, & x \ne 0, \\ 0, & x = 0, \end{cases}$ 其导函数在 $x = 0$ 处连续，则 λ 的取值

范围是(   )

(A)$\lambda > 0$.　　　(B)$\lambda > 1$.　　　(C)$\lambda \ge 2$.　　　(D)$\lambda > 2$.

其标准答案是 $\lambda > 2$. 事实上原题是一道错题. 如 $\lambda = \frac{5}{2}$ 时，$f(x)$ 在 $x < 0$ 处无定义，其导函数不可能在 $x = 0$ 处连续.

例11 (1998年1) 函数 $f(x) = (x^2 - x - 2)|x^3 - x|$ 不可导点的个数是(   )

(A)3.　　　(B)2.　　　(C)1.　　　(D)0.

【答案】 B

【分析一】 $f(x) = (x^2 - x - 2)|x||x - 1||x + 1|$，则 $f(x)$ 最多有3个不可导点，由本题注中结论(1)知，$f(x)$ 在 $x = 0, x = 1$ 处不可导，在 $x = -1$ 处可导，故选(B).

【分析二】 $f(x) = (x - 2)(x + 1)|x||x - 1||x + 1|$.

由本题注中结论(2)知，$f(x)$ 在 $x=0$，$x=1$ 处不可导，在 $x=-1$ 处可导，故选(B).

【注】　本题用到两个基本结论：

(1) 设 $f(x)=\varphi(x)\,|\,x-a\,|$，其中 $\varphi(x)$ 在 $x=a$ 处连续，则 $f(x)$ 在 $x=a$ 处可导的充要条件是 $\varphi(a)=0$.

(2) 设 $f(x)=(x-a)^n\,|\,x-a\,|$，则

① 当 $n=0$ 时，$f(x)$ 在 $x=a$ 处不可导；

② 当 $n=1$ 时，$f(x)$ 在 $x=a$ 处一阶可导，但二阶导数不存在；

③ 当 $n=2$ 时，$f(x)$ 在 $x=a$ 处二阶可导，但三阶导数不存在.

总之 n 为正整数时，$f(x)=(x-a)^n\,|\,x-a\,|$ 在 $x=a$ 处 n 阶可导，但 $n+1$ 阶导数不存在.

例 12　(2003 年 3) 设 $f(x)=|\,x^3-1\,|\varphi(x)$，其中 $\varphi(x)$ 在 $x=1$ 处连续，则 $\varphi(1)=0$ 是 $f(x)$ 在 $x=1$ 处可导的（　　）

(A) 充分必要条件.　　　　　　(B) 必要但非充分条件.

(C) 充分但非必要条件.　　　　(D) 既非充分也非必要条件.

【答案】　A

【分析】　$f(x)=\varphi(x)(x^2+x+1)\,|\,x-1\,|$，令 $g(x)=\varphi(x)(x^2+x+1)$，由**【例 11】**注中结论(1)可知，$f(x)$ 在 $x=1$ 处可导的充要条件是 $g(1)=0$，而 $g(1)=0$ 的充要条件是 $\varphi(1)=0$，故应选(A).

例 13　(1992 年 1,2) 设 $f(x)=3x^3+x^2\,|\,x\,|$，则使 $f^{(n)}(0)$ 存在的最高阶数 n 为（　　）

(A) 0.　　　　　　(B) 1.　　　　　　(C) 2.　　　　　　(D) 3.

【答案】　C

【分析】　$3x^3$ 在 $x=0$ 处任意阶可导，而由**【例 11】**注中结论(2)知，$x^2\,|\,x\,|$ 在 $x=0$ 处 2 阶可导，3 阶导数不存在，故选(C).

例 14　设 $f(x)=\begin{cases} x^3\ln|\,x\,|, & x\neq 0, \\ 0, & x=0, \end{cases}$ 则使 $f^{(n)}(0)$ 存在的最高阶数 n 为（　　）

(A) 0.　　　　　　(B) 1.　　　　　　(C) 2.　　　　　　(D) 3.

【答案】　C

【分析】　$f'(0)=\lim\limits_{x\to 0}\dfrac{x^3\ln|\,x\,|}{x}=\lim\limits_{x\to 0}x^2\ln|\,x\,|=0$，则

$$f'(x)=\begin{cases} 3x^2\ln|\,x\,|+x^2, & x\neq 0, \\ 0, & x=0, \end{cases}$$

$$f''(x)=\begin{cases} 6x\ln|\,x\,|+3x+2x, & x\neq 0, \\ 0, & x=0, \end{cases}$$

$f'''(0)$ 不存在，故选(C).

【注】　由本题可知，设 $f(x)=\begin{cases} x^n\ln|\,x\,|, & x\neq 0, \\ 0, & x=0, \end{cases}$ 则 $f^{(n-1)}(0)$ 存在，$f^{(n)}(0)$ 不存在.

例 **15** （2000年3）设函数 $f(x)$ 在点 $x=a$ 处可导，则函数 $|f(x)|$ 在点 $x=a$ 处不可导的充分条件是（　　）

(A)$f(a)=0$ 且 $f'(a)=0$. 　　　　(B)$f(a)=0$ 且 $f'(a)\neq 0$.

(C)$f(a)>0$ 且 $f'(a)>0$. 　　　　(D)$f(a)<0$ 且 $f'(a)<0$.

【答案】　B

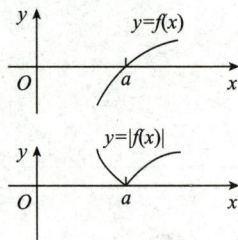

【分析一】　**直接法（几何法）**

令 $g(x)=|f(x)|$，不妨设 $f'(a)>0$，如右图由导数几何意义知，

$$g'_-(a)=-f'(a),\quad g'_+(a)=f'(a).$$

则 $g(x)=|f(x)|$ 在 $x=a$ 处不可导.

【分析二】　**直接法**

利用本题注中结论(2)，由于 $f(x)$ 在 $x=a$ 处可导且 $f'(a)\neq 0$，$f(a)=0$，则 $|f(x)|$ 在 $x=a$ 处不可导，故选(B).

【分析三】　**排除法（具体函数法）**

令 $f(x)=(x-a)^2$，则排除(A)；

令 $f(x)=\mathrm{e}^x$，则排除(C)；

令 $f(x)=-\mathrm{e}^x$，则排除(D)，故应选(B).

【注】　本题用到下面基本结论：

(1)$f(x)$ 可导 $\rightleftharpoons$ $|f(x)|$ 可导；

(2)若 $f(x)$ 连续，则

① 当 $f(x_0)\neq 0$ 时，$|f(x)|$ 在 x_0 处可导 $\Leftrightarrow f(x)$ 在 x_0 可导；

② 当 $f(x_0)=0$ 时，$|f(x)|$ 在 x_0 处可导 $\Leftrightarrow f'(x_0)=0$.

例 **16** （2025年2）设函数 $f(x)$ 连续，给出下列四个条件：

(1)$\displaystyle\lim_{x\to 0}\frac{|f(x)|-f(0)}{x}$ 存在. 　　(2)$\displaystyle\lim_{x\to 0}\frac{f(x)-|f(0)|}{x}$ 存在.

(3)$\displaystyle\lim_{x\to 0}\frac{|f(x)|}{x}$ 存在. 　　(4)$\displaystyle\lim_{x\to 0}\frac{|f(x)|-|f(0)|}{x}$ 存在.

其中能得到"$f(x)$ 在 $x=0$ 处可导"的条件个数是（　　）

(A)1. 　　　　(B)2. 　　　　(C)3. 　　　　(D)4.

┌─ 思 考 & 笔 记 ──────────────────┐

【答案】　D
└──────────────────────────┘

例 17 (2005 年 1,2) 设函数 $f(x) = \lim\limits_{n \to \infty} \sqrt[n]{1 + |x|^{3n}}$,则 $f(x)$ 在 $(-\infty, +\infty)$ 内(　　)

(A) 处处可导.　　　　　　　　　　(B) 恰有一个不可导点.

(C) 恰有两个不可导点.　　　　　　(D) 至少有三个不可导点.

【答案】 C

【分析】 $f(x) = \lim\limits_{n \to \infty} \sqrt[n]{1 + |x|^{3n}} = \max\{1, |x|^3\}$

$$= \begin{cases} 1, & |x| \leqslant 1, \\ |x|^3, & |x| > 1. \end{cases}$$

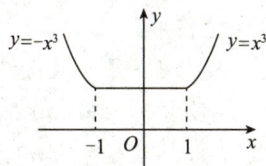

$f(x)$ 图象如右图,由导数几何意义知,$f(x)$ 在 $x = \pm 1$ 处不可导,故应选(C).

例 18 设 $f'_-(x_0)$ 与 $f'_+(x_0)$ 都存在,则(　　)

(A) $f(x)$ 在 $x = x_0$ 处可导.

(B) $\lim\limits_{x \to x_0^-} f'(x)$ 和 $\lim\limits_{x \to x_0^+} f'(x)$ 都存在.

(C) 若 $\lim\limits_{x \to x_0^-} f'(x)$ 和 $\lim\limits_{x \to x_0^+} f'(x)$ 都存在,则 $f(x)$ 在 $x = x_0$ 处可导.

(D) 若 $\lim\limits_{x \to x_0^-} f'(x) = \lim\limits_{x \to x_0^+} f'(x)$,则 $f'(x)$ 在 $x = x_0$ 处连续.

【答案】 D

【分析一】 **直接法**　对于(D) 选项,由于 $\lim\limits_{x \to x_0^-} f'(x)$ 与 $\lim\limits_{x \to x_0^+} f'(x)$ 存在,则

$$f'_-(x_0) = \lim_{x \to x_0^-} \frac{f(x) - f(x_0)}{x - x_0} = \lim_{x \to x_0^-} f'(x).$$

$$f'_+(x_0) = \lim_{x \to x_0^+} \frac{f(x) - f(x_0)}{x - x_0} = \lim_{x \to x_0^+} f'(x).$$

又 $\lim\limits_{x \to x_0^-} f'(x) = \lim\limits_{x \to x_0^+} f'(x)$,则 $f'_-(x_0) = f'_+(x_0)$,从而 $f(x)$ 在 $x = x_0$ 处可导,且

$$\lim_{x \to x_0} f'(x) = f'(x_0),$$

则 $f'(x)$ 在 $x = x_0$ 处连续,故应选(D).

【分析二】 **排除法**

令 $f(x) = |x|$,则 $f'_-(0)$ 和 $f'_+(0)$ 都存在,且

$$\lim_{x \to 0^-} f'(x) = \lim_{x \to 0^-} (-1) = -1.$$

$$\lim_{x \to 0^+} f'(x) = \lim_{x \to 0^+} (1) = 1.$$

但 $f(x) = |x|$ 在 $x = 0$ 处不可导,则排除(A) 和(C).

令 $f(x) = \begin{cases} x^2 \sin \dfrac{1}{x}, & x \neq 0, \\ 0, & x = 0, \end{cases}$ 则 $f'(0) = 0$,当 $x \neq 0$ 时,

$$f'(x) = 2x \sin \frac{1}{x} - \cos \frac{1}{x},$$

则 $\lim\limits_{x \to 0^-} f'(x)$ 和 $\lim\limits_{x \to 0^+} f'(x)$ 都不存在,则排除(B),故应选(D).

例 19 (1996 年 3) 设 $f(x)$ 处处可导,则(　　)

(A) 当 $\lim\limits_{x \to -\infty} f(x) = -\infty$ 时,必有 $\lim\limits_{x \to -\infty} f'(x) = -\infty$.

(B) 当 $\lim\limits_{x\to-\infty} f'(x) = -\infty$ 时，必有 $\lim\limits_{x\to-\infty} f(x) = -\infty$.

(C) 当 $\lim\limits_{x\to+\infty} f(x) = +\infty$ 时，必有 $\lim\limits_{x\to+\infty} f'(x) = +\infty$.

(D) 当 $\lim\limits_{x\to+\infty} f'(x) = +\infty$ 时，必有 $\lim\limits_{x\to+\infty} f(x) = +\infty$.

【答案】 D

【分析一】 直接法

对于(D)，由 $\lim\limits_{x\to+\infty} f'(x) = +\infty$ 知，存在 x_0，当 $x > x_0$ 时，$f'(x) > 1$，则当 $x > x_0$ 时

$$f(x) = f(x_0) + f'(\xi)(x - x_0) \qquad (x_0 < \xi < x)$$
$$> f(x_0) + (x - x_0) \longrightarrow +\infty \qquad (x \to +\infty).$$

则 $\lim\limits_{x\to+\infty} f(x) = +\infty$，故应选(D).

【分析二】 直接法

由于
$$\lim_{x\to+\infty} \frac{f(x)}{x} = \lim_{x\to+\infty} \frac{f'(x)}{1} = +\infty, \qquad \text{(洛必达法则)}$$

则
$$\lim_{x\to+\infty} f(x) = \lim_{x\to+\infty} \frac{f(x)}{x} \cdot x = +\infty.$$

故应选(D).

【分析三】 排除法

令 $f(x) = x$，则 $f'(x) = 1$，$\lim\limits_{x\to-\infty} f'(x) = 1$，$\lim\limits_{x\to+\infty} f'(x) = 1$，则排除(A)(C).

令 $f(x) = x^2$，则 $f'(x) = 2x$，$\lim\limits_{x\to-\infty} f'(x) = -\infty$，但 $\lim\limits_{x\to-\infty} f(x) = +\infty$，则排除(B)，故应选(D).

例 20 (2002 年 1,2)设函数 $y = f(x)$ 在 $(0, +\infty)$ 内有界可导，则(　　　)

(A) 当 $\lim\limits_{x\to+\infty} f(x) = 0$ 时，必有 $\lim\limits_{x\to+\infty} f'(x) = 0$.

(B) 当 $\lim\limits_{x\to+\infty} f'(x)$ 存在时，必有 $\lim\limits_{x\to+\infty} f'(x) = 0$.

(C) 当 $\lim\limits_{x\to0^+} f(x) = 0$ 时，必有 $\lim\limits_{x\to0^+} f'(x) = 0$.

(D) 当 $\lim\limits_{x\to0^+} f'(x)$ 存在时，必有 $\lim\limits_{x\to0^+} f'(x) = 0$.

【答案】 B

【分析一】 直接法

由拉格朗日中值定理知

$$\frac{f(2x) - f(x)}{x} = f'(\xi)(x < \xi < 2x).$$

由于 $f(x)$ 有界，则 $\lim\limits_{x\to+\infty} \frac{f(2x) - f(x)}{x} = \lim\limits_{x\to+\infty} \frac{f(2x)}{x} - \lim\limits_{x\to+\infty} \frac{f(x)}{x} = 0 - 0 = 0$，

则 $\lim\limits_{x\to+\infty} f'(\xi) = 0$，又 $\lim\limits_{x\to+\infty} f'(x)$ 存在，则 $\lim\limits_{x\to+\infty} f'(x) = 0$.

故应选(B).

【分析二】 直接法

若 $\lim\limits_{x\to+\infty} f'(x) = a \neq 0$，不妨设 $a > 0$，存在 $x_0 > 0$，当 $x > x_0$ 时，$f'(x) > \dfrac{a}{2}$，又由拉格朗日中值定理得

$$f(x) = f(x_0) + f'(\xi)(x - x_0)(x_0 < \xi < x).$$

由此可知 $\lim\limits_{x\to+\infty}f(x)=+\infty$，这与题设 $f(x)$ 有界相矛盾，则 $\lim\limits_{x\to+\infty}f'(x)=0$，故应选 (B).

【分析三】　**直接法**

由于 $f(x)$ 有界，则 $\lim\limits_{x\to+\infty}\dfrac{f(x)}{x}=0$. 又因为 $\lim\limits_{x\to+\infty}f'(x)$ 存在，则由洛必达法则知

$$\lim\limits_{x\to+\infty}\frac{f(x)}{x}=\lim\limits_{x\to+\infty}\frac{f'(x)}{1}=0.$$

故应选 (B).

【分析四】　**排除法**

令 $f(x)=\dfrac{\sin x^2}{x}$，则 $f(x)$ 在 $(0,+\infty)$ 上有界可导，且

$$f'(x)=-\frac{\sin x^2}{x^2}+2\cos x^2.$$

又 $\lim\limits_{x\to+\infty}f(x)=0$，但 $\lim\limits_{x\to+\infty}f'(x)$ 不存在，排除 (A).

令 $f(x)=\sin x$，则 $\lim\limits_{x\to0^+}f(x)=0$，$\lim\limits_{x\to0^+}f'(x)=1$，则排除 (C)(D)，故应选 (B).

例 21　(2025 年 1) 设函数 $f(x)$ 在区间 $[0,+\infty)$ 上可导，则（　　）

(A) 当 $\lim\limits_{x\to+\infty}f(x)$ 存在时，$\lim\limits_{x\to+\infty}f'(x)$ 存在.

(B) 当 $\lim\limits_{x\to+\infty}f'(x)$ 存在时，$\lim\limits_{x\to+\infty}f(x)$ 存在.

(C) 当 $\lim\limits_{x\to+\infty}\dfrac{\int_0^x f(t)\mathrm{d}t}{x}$ 存在时，$\lim\limits_{x\to+\infty}f(x)$ 存在.

(D) 当 $\lim\limits_{x\to+\infty}f(x)$ 存在时，$\lim\limits_{x\to+\infty}\dfrac{\int_0^x f(t)\mathrm{d}t}{x}$ 存在.

思考 & 笔记

【答案】　D

例 22　(数三不要求)(2023 年 1,2) 已知 $y=f(x)$ 由 $\begin{cases}x=2t+|t|,\\ y=|t|\sin t\end{cases}$ 确定，则（　　）

(A) $f(x)$ 连续，$f'(0)$ 不存在.　　　　(B) $f'(0)$ 存在，$f'(x)$ 在 $x=0$ 处不连续.

(C) $f'(x)$ 连续，$f''(0)$ 不存在.　　　　(D) $f''(0)$ 存在，$f''(x)$ 在 $x=0$ 处不连续.

【答案】　C

【分析一】 当 $t \geqslant 0$ 时，$\begin{cases} x = 3t \\ y = t\sin t \end{cases}$，$f(x) = \dfrac{x}{3}\sin\dfrac{x}{3}$.

当 $t < 0$ 时，$\begin{cases} x = t \\ y = -t\sin t \end{cases}$，$f(x) = -x\sin x$.

则 $f(x) = \begin{cases} \dfrac{x}{3}\sin\dfrac{x}{3}, & x \geqslant 0, \\ -x\sin x, & x < 0. \end{cases}$

则由 $f'_+(0) = \lim\limits_{x \to 0^+} \dfrac{\dfrac{x}{3}\sin\dfrac{x}{3} - 0}{x} = 0$，$f'_-(0) = \lim\limits_{x \to 0^-} \dfrac{-x\sin x - 0}{x} = 0$，得 $f'(0) = 0$.

$$f'(x) = \begin{cases} \dfrac{1}{3}\sin\dfrac{x}{3} + \dfrac{x}{9}\cos\dfrac{x}{3}, & x > 0, \\ 0, & x = 0, \\ -\sin x - x\cos x, & x < 0. \end{cases}$$

由此可知 $f'(x)$ 连续，又由

$$f''_+(0) = \lim_{x \to 0^+} \dfrac{\dfrac{1}{3}\sin\dfrac{x}{3} + \dfrac{x}{9}\cos\dfrac{x}{3} - 0}{x} = \dfrac{2}{9},$$

$$f''_-(0) = \lim_{x \to 0^-} \dfrac{-\sin x - x\cos x}{x} = -2.$$

可知 $f''(0)$ 不存在.

故应选 (C).

【分析二】

┌─ 思 考 ＆ 笔 记 ──────────────┐

└─────────────────────────┘

练习题

1. 函数 $f(x) = \begin{cases} \dfrac{x}{1 - e^{\frac{1}{x}}}, & x \neq 0, \\ 0, & x = 0 \end{cases}$ 在 $x = 0$ 处（ ）

(A) 极限不存在.　　　　　　　　(B) 极限存在但不连续.

(C) 连续但不可导.　　　　　　　(D) 可导.

2. 函数 $f(x) = \begin{cases} \dfrac{\sin x}{x}, & x > 0, \\ 1, & x = 0, \\ 1 - \mathrm{e}^{\frac{1}{x}}, & x < 0 \end{cases}$ 在 $x = 0$ 处（　　）

(A) 左导数存在,右导数不存在.　　　(B) 右导数存在,左导数不存在.

(C) 左、右导数都存在但不相等.　　　(D) 左、右导数都存在且相等.

3. 设有下列函数

① $f(x) = \sin x^{\frac{2}{3}}$.　　　　　　　　　② $f(x) = (\sin x^2)^{\frac{1}{3}}$.

③ $f(x) = \cos x^{\frac{2}{3}}$.　　　　　　　　　④ $f(x) = (1 - \cos x)^{\frac{2}{3}}$.

则在 $x = 0$ 处可导的共有（　　）

(A)1 个.　　　　　(B)2 个.　　　　　(C)3 个.　　　　　(D)4 个.

4. (2021 年 1,2,3) 函数 $f(x) = \begin{cases} \dfrac{\mathrm{e}^x - 1}{x}, & x \neq 0, \\ 1, & x = 0 \end{cases}$ 在 $x = 0$ 处（　　）

(A) 连续且取极大值.　　　　　　　(B) 连续且取极小值.

(C) 可导且导数为 0.　　　　　　　(D) 可导且导数不为 0.

5. 设 $F(x) = \begin{cases} \dfrac{1}{x^3} \displaystyle\int_0^x t^2 f(t)\,\mathrm{d}t, & x \neq 0, \\ k, & x = 0, \end{cases}$ 其中 $f(x)$ 是可导函数,则 $F(x)$ 在（　　）

(A) 在 $x = 0$ 处不连续.

(B) 当 $k = \dfrac{f(0)}{3}$ 时在 $x = 0$ 处连续但不可导.

(C) 当 $k = \dfrac{f(0)}{3}$ 时在 $x = 0$ 处可导,且 $F'(0) = \dfrac{f'(0)}{3}$.

(D) 当 $k = \dfrac{f(0)}{3}$ 时在 $x = 0$ 处可导,且 $F'(0) = \dfrac{f'(0)}{4}$.

6. 函数 $f(x) = \lim\limits_{n \to \infty} \sqrt[n]{|\sin x|^n + |\cos x|^n}$ 在区间 $(0, 2\pi)$ 内不可导点有（　　）

(A)1 个.　　　　　(B)2 个.　　　　　(C)3 个.　　　　　(D)4 个.

7. 设 $f(x) = \begin{cases} x^3 \arctan \dfrac{1}{x}, & x \neq 0, \\ 0, & x = 0, \end{cases}$ 则使 $f^{(n)}(0)$ 存在的最高阶数 n 为（　　）

(A) 0.   (B) 1.   (C) 2.   (D) 3.

8. 设 $f(x)$ 在 $x=0$ 处连续，且 $\lim\limits_{x \to 0} \dfrac{1 - \cos x}{e^{f(x)} - 1} = 1$，则 $f(x)$ 在 $x=0$ 处（　　）

(A) 不可导.   (B) 可导且 $f'(0) = 1$.

(C) 取得极大值.   (D) 取得极小值.

9. 设 $f(x) = \begin{cases} (x - \sin x) \sin \dfrac{1}{x}, & x \neq 0, \\ 0, & x = 0, \end{cases}$ 则 $f(x)$ 在 $x=0$ 处（　　）

(A) 不连续.   (B) 连续但不可导.

(C) 可导但导函数不连续.   (D) 导函数连续.

10. (2024 年 1) 设函数 $f(x)$ 在区间 $(-1,1)$ 上有定义，且 $\lim\limits_{x \to 0} f(x) = 0$，则（　　）

(A) 当 $\lim\limits_{x \to 0} \dfrac{f(x)}{x} = m$ 时，$f'(0) = m$.　(B) 当 $f'(0) = m$ 时，$\lim\limits_{x \to 0} \dfrac{f(x)}{x} = m$.

(C) 当 $\lim\limits_{x \to 0} f'(x) = m$ 时，$f'(0) = m$.　(D) 当 $f'(0) = m$ 时，$\lim\limits_{x \to 0} f'(x) = m$.

答　案

1. C;　2. D;　3. B;　4. D;　5. D;　6. D;　7. C;　8. D;　9. D;　10. B.

二、导数的计算

常用方法

1. 定义
2. 有理运算法则
3. 复合函数求导法
4. 隐函数求导法
5. 参数方程求导法（数三不要求）
6. 反函数求导法
7. 对数求导法
8. 高阶导数

(1) $(\sin x)^{(n)} = \sin\left(x + n \cdot \dfrac{\pi}{2}\right)$;　(2) $(\cos x)^{(n)} = \cos\left(x + n \cdot \dfrac{\pi}{2}\right)$;

(3) $\left(\dfrac{1}{x}\right)^{(n)} = (-1)^n \cdot n! \cdot \dfrac{1}{x^{n+1}}$;　(4) $(u \pm v)^{(n)} = u^{(n)} \pm v^{(n)}$;

（5）$(uv)^{(n)} = \sum\limits_{k=0}^{n} C_n^k u^{(k)} v^{(n-k)}$.

例 1　设 $f(x)$ 在 $x=0$ 处连续，且 $\lim\limits_{x\to 0} \dfrac{[f(x)+1]\sin x^2}{x-\tan x}=1$，则 $f'(0)=$ _____.

【答案】　$-\dfrac{1}{3}$

【分析】　$\lim\limits_{x\to 0} \dfrac{[f(x)+1]\sin x^2}{x-\tan x} = \lim\limits_{x\to 0} \dfrac{[f(x)+1]x^2}{-\dfrac{1}{3}x^3} = -3\lim\limits_{x\to 0}\dfrac{f(x)+1}{x}=1.$

则

$$\lim\limits_{x\to 0}\dfrac{f(x)+1}{x} = \lim\limits_{x\to 0}\dfrac{f(x)-(-1)}{x} = \lim\limits_{x\to 0}\dfrac{f(x)-f(0)}{x} = -\dfrac{1}{3},$$

则 $f'(0)=-\dfrac{1}{3}$.

例 2　设 $f(x)=\sqrt{\dfrac{(1+x^2)\sqrt{x}}{\mathrm{e}^{x-1}}}+\arctan\dfrac{x^2-1}{\sqrt{1+x^2}}$，则 $f'(1)=$ _____.

【答案】　$\dfrac{5\sqrt{2}}{4}$

【分析】　令 $g(x)=\sqrt{\dfrac{(1+x^2)\sqrt{x}}{\mathrm{e}^{x-1}}}$，$h(x)=\arctan\dfrac{x^2-1}{\sqrt{1+x^2}}$，则

$$f'(1)=g'(1)+h'(1).$$

$$\ln g(x) = \dfrac{1}{2}\left[\ln(1+x^2)+\dfrac{1}{2}\ln x-(x-1)\right].$$

$$\dfrac{g'(x)}{g(x)} = \dfrac{1}{2}\left(\dfrac{2x}{1+x^2}+\dfrac{1}{2x}-1\right).$$

$$g'(1) = \dfrac{g(1)}{2}\left(1+\dfrac{1}{2}-1\right) = \dfrac{\sqrt{2}}{4}.$$

$$h'(1) = \lim\limits_{x\to 1}\dfrac{h(x)-h(1)}{x-1} = \lim\limits_{x\to 1}\dfrac{\arctan\dfrac{x^2-1}{\sqrt{1+x^2}}}{x-1}$$

$$= \lim\limits_{x\to 1}\dfrac{\dfrac{x^2-1}{\sqrt{1+x^2}}}{x-1} = \lim\limits_{x\to 1}\dfrac{x+1}{\sqrt{1+x^2}} = \sqrt{2}.$$

则 $f'(1) = \dfrac{\sqrt{2}}{4}+\sqrt{2} = \dfrac{5\sqrt{2}}{4}$.

例 3　设 $f(x)$ 有连续导数，$f(0)=0$，且当 $x\to 0$ 时，$\displaystyle\int_0^{f(x)} f(t)\,\mathrm{d}t$ 与 x^2 是等价无穷小，则 $f'(0)=$ _____.

【答案】　$\sqrt[3]{2}$

【分析一】　由题设知

$$\lim\limits_{x\to 0}\dfrac{\displaystyle\int_0^{f(x)} f(t)\,\mathrm{d}t}{x^2} = \lim\limits_{x\to 0}\dfrac{f'(x)f[f(x)]}{2x} = \dfrac{1}{2}\lim\limits_{x\to 0}f'(x)\cdot\lim\limits_{x\to 0}\dfrac{f[f(x)]}{x}$$

$$= \frac{1}{2} f'(0) \lim_{x \to 0} \frac{f'[f(x)] f'(x)}{1}$$

$$= \frac{1}{2} [f'(0)]^3 = 1.$$

则 $f'(0) = \sqrt[3]{2}$.

【分析二】 令 $f(x) = kx$, 则

$$\int_0^{f(x)} f(t) \,dt = \int_0^{kx} kt \,dt = \frac{k}{2}(kx)^2 = \frac{k^3}{2} x^2.$$

当 $k = \sqrt[3]{2}$ 时, $\int_0^{f(x)} f(t) \,dt \sim x^2$, 此时, $f(x) = \sqrt[3]{2}x$, $f'(0) = \sqrt[3]{2}$.

例 4 设 $f(x) = \int_{-1}^{x} \sqrt{|t|} \ln|t| \,dt$, 则 $f'(0) = \underline{\qquad}$.

【答案】 0

【分析】 由于 $\lim_{t \to 0} \sqrt{|t|} \ln|t| = 0$, 则 $t = 0$ 为 $\sqrt{|t|} \ln|t|$ 的可去间断点, 则

$$f'(0) = \lim_{x \to 0} \sqrt{|x|} \ln|x| = 0.$$

例 5 (2012 年 3) 设函数 $f(x) = \begin{cases} \ln\sqrt{x}, & x \geqslant 1, \\ 2x - 1, & x < 1, \end{cases}$ $y = f[f(x)]$, 则 $\dfrac{dy}{dx}\Big|_{x=e} = \underline{\qquad}$.

【答案】 $\dfrac{1}{e}$

【分析】 由题设可知, $f(e) = \ln\sqrt{e} = \frac{1}{2}$. 由复合函数求导法知

$$\frac{dy}{dx}\Big|_{x=e} = f'\left(\frac{1}{2}\right) f'(e).$$

而

$$f'\left(\frac{1}{2}\right) = (2x-1)' \Big|_{x=\frac{1}{2}} = 2.$$

$$f'(e) = (\ln\sqrt{x})' \Big|_{x=e} = \left(\frac{1}{2}\ln x\right)' \Big|_{x=e} = \frac{1}{2e}.$$

则 $\dfrac{dy}{dx}\Big|_{x=e} = 2 \cdot \dfrac{1}{2e} = \dfrac{1}{e}$.

例 6 设 $y = f\left(\dfrac{2x-1}{x+1}\right)$, 且 $f'(x) = \ln\sqrt[3]{x}$, 则 $\dfrac{d^2 y}{dx^2}\Big|_{x=1} = \underline{\qquad}$.

【答案】 $\dfrac{3}{8} + \dfrac{1}{4}\ln 2$

【分析】 令 $\dfrac{2x-1}{x+1} = u$, 则 $y = f(u)$, $u = 2 - \dfrac{3}{x+1}$.

$$\frac{dy}{dx} = f'(u) \cdot \frac{du}{dx} = f'(u) \cdot \frac{3}{(x+1)^2}.$$

$$\frac{d^2 y}{dx^2} = f''(u) \cdot \frac{9}{(x+1)^4} + f'(u) \cdot \frac{-6}{(x+1)^3}.$$

$$\frac{d^2 y}{dx^2}\Big|_{x=1} = f''\left(\frac{1}{2}\right) \cdot \frac{9}{16} + f'\left(\frac{1}{2}\right) \cdot \frac{-6}{8}$$

$$= \frac{2}{3} \times \frac{9}{16} + \frac{-1}{3}\ln 2 \times \left(-\frac{3}{4}\right)$$

$$= \frac{3}{8} + \frac{1}{4}\ln 2.$$

例 **7** （2022 年 2）已知函数 $y = y(x)$ 由方程 $x^2 + xy + y^3 = 3$ 确定,则 $y''(1) =$ _____.

【答案】 $-\dfrac{31}{32}$

【分析】 由 $x^2 + xy + y^3 = 3$ 知,$x = 1$ 时,$y = 1$,且
$$2x + y + xy' + 3y^2 y' = 0. \qquad ①$$
$$y'(1) = -\dfrac{3}{4}.$$

① 式两端对 x 求导得
$$2 + 2y' + xy'' + 6y(y')^2 + 3y^2 y'' = 0.$$

将 $x = 1, y = 1, y'(1) = -\dfrac{3}{4}$ 代入上式得
$$y''(1) = -\dfrac{31}{32}.$$

例 **8** （数三不要求）(2020 年 1,2) 设 $\begin{cases} x = \sqrt{t^2 + 1}, \\ y = \ln(t + \sqrt{t^2 + 1}), \end{cases}$ 则 $\left.\dfrac{\mathrm{d}^2 y}{\mathrm{d}x^2}\right|_{t=1} =$ _____.

【答案】 $-\sqrt{2}$

【分析一】 $$\dfrac{\mathrm{d}y}{\mathrm{d}x} = \dfrac{y'(t)}{x'(t)} = \dfrac{\dfrac{1}{\sqrt{1+t^2}}}{\dfrac{t}{\sqrt{1+t^2}}} = \dfrac{1}{t}.$$

$$\dfrac{\mathrm{d}^2 y}{\mathrm{d}x^2} = \dfrac{\mathrm{d}}{\mathrm{d}t}\left(\dfrac{1}{t}\right)\dfrac{\mathrm{d}t}{\mathrm{d}x} = \left(-\dfrac{1}{t^2}\right)\dfrac{1}{\dfrac{\mathrm{d}x}{\mathrm{d}t}} = -\dfrac{1}{t^2} \cdot \dfrac{1}{\dfrac{t}{\sqrt{1+t^2}}} = -\dfrac{\sqrt{1+t^2}}{t^3}.$$

$$\left.\dfrac{\mathrm{d}^2 y}{\mathrm{d}x^2}\right|_{t=1} = -\sqrt{2}.$$

【分析二】

思 考 & 笔 记

例 **9** （2013 年 2）设函数 $f(x) = \displaystyle\int_{-1}^{x} \sqrt{1 - e^t}\,\mathrm{d}t$,则 $y = f(x)$ 的反函数 $x = f^{-1}(y)$ 在 $y = 0$ 处的导数 $\left.\dfrac{\mathrm{d}x}{\mathrm{d}y}\right|_{y=0} =$ _____.

【答案】 $\dfrac{1}{\sqrt{1-e^{-1}}}$

【分析】
$$\dfrac{dx}{dy} = \dfrac{1}{\dfrac{dy}{dx}} = \dfrac{1}{\sqrt{1-e^x}}.$$

由 $f(x) = \displaystyle\int_{-1}^{x} \sqrt{1-e^{-t}}\,dt$ 知，$f(-1)=0$，则

$$\dfrac{dx}{dy}\bigg|_{y=0} = \dfrac{1}{\sqrt{1-e^x}}\bigg|_{x=-1} = \dfrac{1}{\sqrt{1-e^{-1}}}.$$

例 10 设函数 $y=f(x)$ 在 $x=1$ 的某邻域内二阶可导，且 $f(1)=2, f'(1)=1, f''(1)=2$. 则 $\dfrac{d^2x}{dy^2}\bigg|_{y=2} = ($ $)$

(A)2.   (B) -2.   (C) $\dfrac{1}{2}$.   (D) $-\dfrac{1}{2}$.

【答案】 B

【分析】
$$\dfrac{dx}{dy} = \dfrac{1}{\dfrac{dy}{dx}} = \dfrac{1}{f'(x)}.$$

$$\dfrac{d^2x}{dy^2} = \dfrac{d}{dx}\left[\dfrac{1}{f'(x)}\right] \cdot \dfrac{dx}{dy} = -\dfrac{f''(x)}{[f'(x)]^2} \cdot \dfrac{1}{f'(x)} = -\dfrac{f''(x)}{[f'(x)]^3}.$$

$$\dfrac{d^2x}{dy^2}\bigg|_{y=2} = -\dfrac{f''(1)}{[f'(1)]^3} = -2.$$

故选 (B).

例 11 (2017 年 1) 已知函数 $f(x) = \dfrac{1}{1+x^2}$，则 $f'''(0) = $ _____.

【答案】 0

【分析一】 $f(x) = \dfrac{1}{1+x^2}$ 为偶函数，则 $f'(x)$ 为奇函数，$f''(x)$ 为偶函数，$f'''(x)$ 为奇函数，则

$$f'''(0) = 0.$$

【分析二】

```
┌─ 思考 & 笔记 ─────────────────────────┐
│                                      │
│                                      │
│                                      │
│                                      │
│                                      │
│                                      │
│                                      │
│                                      │
│                                      │
│                                      │
│                                      │
│                                      │
│
│                                      │
│  ○○○  ─ ─ ─ ─ ─ ─ ─ ─ ─ ─ ─ ─ ─ ─ ─ ─│
└──────────────────────────────────────┘
```

例 12 (2015 年 2) 函数 $f(x) = x^2 2^x$ 在 $x = 0$ 处的 n 阶导数 $f^{(n)}(0) = $ _____.

【答案】 $n(n-1)(\ln 2)^{n-2}$

【分析】 $f(x) = x^2 2^x = x^2 e^{x\ln 2}$

$$= x^2 \left[1 + x\ln 2 + \frac{(\ln 2)^2}{2!} x^2 + \cdots + \frac{(\ln 2)^n}{n!} x^n + \cdots \right]$$

$$= x^2 + x^3 \ln 2 + \frac{(\ln 2)^2}{2!} x^4 + \cdots + \frac{(\ln 2)^n}{n!} x^{n+2} + \cdots,$$

则 x^n 的系数 $a_n = \dfrac{(\ln 2)^{n-2}}{(n-2)!} = \dfrac{f^{(n)}(0)}{n!}$,

$$f^{(n)}(0) = \frac{(\ln 2)^{n-2}}{(n-2)!} \cdot n! = n(n-1)(\ln 2)^{n-2}.$$

例 13 设 $f(x) = \ln \dfrac{x}{1+x}$,则 $f^{(n)}(1) = $ _____.

【答案】 $(-1)^{n-1} \left(1 - \dfrac{1}{2^n} \right)(n-1)!$

【分析】 将 $f(x) = \ln x - \ln(1+x)$ 在 $x = 1$ 处展开为幂级数.

$$\ln x = \ln[1 + (x-1)] = \sum_{n=1}^{\infty} (-1)^{n-1} \frac{(x-1)^n}{n} (0 < x \leqslant 2),$$

$$\ln(1+x) = \ln 2 + \ln\left(1 + \frac{x-1}{2} \right)$$

$$= \ln 2 + \sum_{n=1}^{\infty} (-1)^{n-1} \frac{(x-1)^n}{n 2^n} (-2 < x - 1 \leqslant 2),$$

则 $f(x) = -\ln 2 + \displaystyle\sum_{n=1}^{\infty} \frac{(-1)^{n-1}}{n} \left(1 - \frac{1}{2^n} \right)(x-1)^n (0 < x \leqslant 2).$

$$\frac{f^{(n)}(1)}{n!} = \frac{(-1)^{n-1}}{n} \left(1 - \frac{1}{2^n} \right).$$

故 $f^{(n)}(1) = (-1)^{n-1}(n-1)! \cdot \left(1 - \dfrac{1}{2^n} \right).$

例 14 (1990 年 1) 已知函数 $f(x)$ 具有任意阶导数,且 $f'(x) = [f(x)]^2$,则当 n 为大于 2 的正整数时,$f(x)$ 的 n 阶导数 $f^{(n)}(x)$ 是(　　)

(A)$n![f(x)]^{n+1}$. 　　(B)$n[f(x)]^{n+1}$. 　　(C)$[f(x)]^{2n}$. 　　(D)$n![f(x)]^{2n}$.

【答案】 A

【分析一】 **直接法**

由 $f'(x) = [f(x)]^2$ 知

$$f''(x) = 2f(x)f'(x) = 2[f(x)]^3.$$

$$f'''(x) = 2 \times 3[f(x)]^2 f'(x) = 2 \times 3[f(x)]^4.$$

归纳可知

$$f^{(n)}(x) = n![f(x)]^{n+1}.$$

故选(A).

【分析二】 **排除法**

由 $f'(x) = [f(x)]^2$ 知

$$f''(x) = 2f(x)f'(x) = 2[f(x)]^3,$$

$$f'''(x) = 6[f(x)]^2 f'(x) = 6[f(x)]^4,$$

由此可排除(B)(C)(D),故选(A).

例 15 (2020 年 2)已知函数 $f(x) = x^2\ln(1-x)$,当 $n \geqslant 3$ 时,$f^{(n)}(0) = ($ $)$

(A) $-\dfrac{n!}{n-2}$.　　　(B) $\dfrac{n!}{n-2}$.　　　(C) $-\dfrac{(n-2)!}{n}$.　　　(D) $\dfrac{(n-2)!}{n}$.

【答案】　A

【分析一】　直接法

$$f(x) = x^2\left(-x - \frac{x^2}{2} - \cdots - \frac{x^n}{n} - \cdots\right)$$
$$= -\left(x^3 + \frac{x^4}{2} + \cdots + \frac{x^{n+2}}{n} + \cdots\right),$$

则 x^n 的系数为 $-\dfrac{1}{n-2}$,从而

$$\frac{f^{(n)}(0)}{n!} = -\frac{1}{n-2}, f^{(n)}(0) = -\frac{n!}{n-2}.$$

故应选(A).

【分析二】　排除法

$$f(x) = x^2\left(-x - \frac{x^2}{2} - \cdots - \frac{x^n}{n} - \cdots\right)$$
$$= -x^3 - \frac{x^4}{2} - \cdots,$$

则 $\dfrac{f^{(3)}(0)}{3!} = -1, f^{(3)}(0) = -6.$

由此可排除(B)(C)(D),故应选(A).

例 16 (2024 年 2)已知函数 $f(x) = x^2(e^x + 1)$,则 $f^{(5)}(1) = $ _____.

【答案】　31e

【分析一】　$f(x) = x^2 e^x + x^2,$

$f^{(5)}(x) = C_5^0 x^2 e^x + C_5^1 (2x)e^x + C_5^2 (2)e^x = x^2 e^x + 10x e^x + 20 e^x,$

$f^{(5)}(1) = 31e.$

【分析二】

思 考 & 笔 记

练习题

1. （1996 年）设 $y = \ln(x + \sqrt{1 + x^2})$，则 $y'''|_{x=0} = $ _____.

2. （2009 年 2）设 $y = y(x)$ 是由方程 $xy + e^y = x + 1$ 确定的隐函数，则 $\dfrac{\mathrm{d}^2 y}{\mathrm{d}x^2}\bigg|_{x=0} = $ _____.

3. （数三不要求）（2015 年 2）设 $\begin{cases} x = \arctan t, \\ y = 3t + t^3, \end{cases}$ 则 $\dfrac{\mathrm{d}^2 y}{\mathrm{d}x^2}\bigg|_{t=1} = $ _____.

4. （2016 年 1）设函数 $f(x) = \arctan x - \dfrac{x}{1 + ax^2}$，且 $f'''(0) = 1$，则 $a = $ _____.

5. （2007 年 2,3）设函数 $y = \dfrac{1}{2x + 3}$，则 $y^{(n)}(0) = $ _____.

6. （2016 年 2）已知函数 $f(x)$ 在 $(-\infty, +\infty)$ 上连续，且 $f(x) = (x+1)^2 + 2\displaystyle\int_0^x f(t)\,\mathrm{d}t$，则当 $n \geqslant 2$ 时，$f^{(n)}(0) = $ _____.

答 案

1. -1；　2. -3；　3. 48；　4. $\dfrac{1}{2}$；　5. $\dfrac{(-1)^n 2^n n!}{3^{n+1}}$；　6. $2^{n-1} \cdot 5$.

三、函数性态（单调性，极值，凹向，拐点，渐近线）

例 1 设函数 $f(x)$ 在 x_0 的某邻域 $U(x_0,\delta)$ 内有定义，则下列结论正确的是（　　）

（A）若 $x \in (x_0-\delta, x_0)$ 时，$f'(x) > 0$，而 $x \in (x_0, x_0+\delta)$ 时，$f'(x) < 0$，则 $f(x)$ 在 x_0 处取极大值.

（B）若 $f(x)$ 在该邻域 $U(x_0,\delta)$ 内可导，且在 x_0 处取极大值，则当 $x \in (x_0-\delta, x_0)$ 时，$f'(x) > 0$，而 $x \in (x_0, x_0+\delta)$ 时，$f'(x) < 0$.

（C）若 $f(x)$ 在 x_0 处取极大值，则 $f(x)$ 在 $(x_0-\delta, x_0)$ 内单调增，而在 $(x_0, x_0+\delta)$ 内单调减.

（D）若 $f'(x_0)$ 存在，且 $\lim\limits_{x \to x_0} \dfrac{f'(x)}{x-x_0} = -1$，则 $f(x)$ 在 x_0 处取极大值.

【答案】 D

【分析一】 直接法

由 $\lim\limits_{x \to x_0} \dfrac{f'(x)}{x-x_0} = -1$ 及极限的保号性知，存在 x_0 点的去心邻域 $\overset{\circ}{U}(x_0,\delta)$，在该去心邻域内

$$\frac{f'(x)}{x-x_0} < 0.$$

则当 $x \in (x_0-\delta, x_0)$ 时，$f'(x) > 0$，当 $x \in (x_0, x_0+\delta)$ 时，$f'(x) < 0$，又 $f'(x_0)$ 存在，则 $f(x)$ 在 x_0 点连续，由极值第一充分条件知，$f(x)$ 在 x_0 点取极大值，故应选（D）.

【分析二】 直接法

由 $\lim\limits_{x \to x_0} \dfrac{f'(x)}{x-x_0} = -1$ 可知，$\lim\limits_{x \to x_0} f'(x) = 0$，又

$$f'(x_0) = \lim_{x \to x_0} \frac{f(x)-f(x_0)}{x-x_0} = \lim_{x \to x_0} f'(x) = 0,$$

$$-1 = \lim_{x \to x_0} \frac{f'(x)}{x-x_0} = \lim_{x \to x_0} \frac{f'(x)-f'(x_0)}{x-x_0} = f''(x_0),$$

则由极值第二充分条件知 $f(x)$ 在 x_0 点取极大值，故应选（D）.

【分析三】 排除法

令 $f(x) = \begin{cases} x, & x < 0, \\ -1, & x = 0, \\ -x, & x > 0, \end{cases}$ 则排除（A）.

令 $f(x) = \begin{cases} 2 - x^2\left(2 + \sin\dfrac{1}{x}\right), & x \neq 0, \\ 2, & x = 0. \end{cases}$ 由极值定义知 $f(x)$ 在 $x = 0$ 处取极大值. 又

$$f'(0) = \lim_{x \to 0} \frac{f(x)-f(0)}{x} = \lim_{x \to 0} \frac{-x^2\left(2 + \sin\dfrac{1}{x}\right)}{x} = 0.$$

当 $x \neq 0$ 时，

$$f'(x) = -2x\left(2 + \sin\frac{1}{x}\right) + \cos\frac{1}{x},$$

$$f'\left(\frac{1}{n\pi}\right) = \frac{-4}{n\pi} + (-1)^n,$$

则在 $x=0$ 的任何去心邻域内既存在导数为正的点,也存在导数为负的点,则排除(B)和(C),故应选(D).

例 2 (1991 年 3)设函数 $f(x)$ 在 $(-\infty,+\infty)$ 内有定义,$x_0\neq 0$ 是函数 $f(x)$ 的极大值点,则(　　)

(A)x_0 必是 $f(x)$ 的驻点.

(B)$-x_0$ 必是 $-f(-x)$ 的极小值点.

(C)$-x_0$ 必是 $-f(-x)$ 的极大值点.

(D)对一切 x 都有 $f(x)\leqslant f(x_0)$.

─ 思考 & 笔记 ─────────────

【答案】　B

例 3 (1990 年 1,2)已知 $f(x)$ 在 $x=0$ 的某个邻域内连续,且 $f(0)=0,\lim\limits_{x\to 0}\dfrac{f(x)}{1-\cos x}=2$,则在 $x=0$ 点处 $f(x)$(　　)

(A) 不可导.　　　　　　　　　　(B) 可导,且 $f'(0)\neq 0$.

(C) 取得极大值.　　　　　　　　(D) 取得极小值.

【答案】　D

【分析一】　**直接法**

由 $\lim\limits_{x\to 0}\dfrac{f(x)}{1-\cos x}=2$ 及极限保号性知,存在 $x=0$ 的某个去心邻域使

$$\frac{f(x)}{1-\cos x}>0.$$

从而有 $f(x)>0=f(0)$,由极值定义知,$f(x)$ 在 $x=0$ 处取极小值,故应选(D).

【分析二】　**排除法**

由于 $\lim\limits_{x\to 0}\dfrac{f(x)}{1-\cos x}=\lim\limits_{x\to 0}\dfrac{f(x)}{\frac{1}{2}x^2}=2$,令 $f(x)=x^2$,则排除(A)(B)(C),故应选(D).

例 4 (2001 年 3)设 $f(x)$ 的导数在 $x=a$ 处连续,又 $\lim\limits_{x\to a}\dfrac{f'(x)}{x-a}=-1$,则(　　)

(A)$x=a$ 是 $f(x)$ 的极小值点.

(B)$x=a$ 是 $f(x)$ 的极大值点.

(C)$(a,f(a))$ 是曲线 $y=f(x)$ 的拐点.

(D)$x=a$ 不是 $f(x)$ 的极值点,$(a,f(a))$ 也不是曲线 $y=f(x)$ 的拐点.

【答案】 B

【分析一】 直接法

由 $\lim\limits_{x \to a}\dfrac{f'(x)}{x-a}=-1$ 及保号性知,存在 $x=a$ 的某去心邻域,使

$$\frac{f'(x)}{x-a}<0.$$

则在该去心邻域内,$f'(x)$ 由正变负,从而 $x=a$ 为 $f(x)$ 的极大值点,故应选(B).

【分析二】 直接法

由 $\lim\limits_{x \to a}\dfrac{f'(x)}{x-a}=-1$ 知,$\lim\limits_{x \to a}f'(x)=0$,又 $f(x)$ 的导数在 $x=a$ 处连续,则 $\lim\limits_{x \to a}f'(x)=f'(a)=0$,则

$$-1=\lim\limits_{x \to a}\frac{f'(x)}{x-a}=\lim\limits_{x \to a}\frac{f'(x)-f'(a)}{x-a}=f''(a)<0,$$

从而 $x=a$ 为 $f(x)$ 的极大值点,故应选(B).

【分析三】 排除法

令 $f'(x)=-(x-a)$,$f(x)=-\dfrac{1}{2}(x-a)^2$,则排除(A)(C)(D),故应选(B).

例 5 (2022 年 2)设函数 $f(x)$ 在 $x=x_0$ 处具有 2 阶导数,则(　　)

(A) 当 $f(x)$ 在 x_0 的某邻域内单调增加时,$f'(x_0)>0$.

(B) 当 $f'(x_0)>0$ 时,$f(x)$ 在 x_0 的某邻域内单调增加.

(C) 当 $f(x)$ 在 x_0 的某邻域内是凹函数时,$f''(x_0)>0$.

(D) 当 $f''(x_0)>0$ 时,$f(x)$ 在 x_0 的某邻域内是凹函数.

【答案】 B

【分析一】 直接法

由 $f(x)$ 在 $x=x_0$ 处有 2 阶导数可知,$f'(x)$ 在 $x=x_0$ 处连续,又 $f'(x_0)>0$,则在 $x=x_0$ 的某邻域内 $f'(x)>0$,故 $f(x)$ 在 $x=x_0$ 的该邻域内单调增加,选(B).

【分析二】 排除法

令 $f(x)=x^3$,则 $f(x)$ 在 $x=0$ 处 2 阶可导,且在 $x=0$ 的某邻域内单调增加,但 $f'(0)=0$,则排除(A);

令 $f(x)=x^4$,则 $f(x)$ 在 $x=0$ 处 2 阶可导,且在 $x=0$ 的某邻域内是凹函数,但 $f''(0)=0$,则排除(C);

令 $f(x)=\int_0^x g(t)\mathrm{d}t$,其中

$$g(t)=\begin{cases} t+2t^2\sin\dfrac{1}{t}, & t \neq 0,\\ 0, & t=0.\end{cases}$$

易验证 $g'(0)=1>0$,但在 $t=0$ 的任何去心邻域内 $g'(t)$ 可正可负,即 $g(t)$ 在 $t=0$ 的任何邻域内不单调增加.这里 $f'(x)=g(x)$,$f''(x)=g'(x)$,则 $f''(0)=g'(0)=1>0$,但 $f''(x)=g'(x)$ 在 $x=0$ 任何邻域内可正可负,则 $f(x)$ 在 $x=0$ 的任何邻域内都不是凹函数,则排除(D),故应选(B).

例 6　(1997 年 2)已知函数 $y = f(x)$ 对一切 x 满足 $xf''(x) + 3x[f'(x)]^2 = 1 - e^{-x}$，若 $f'(x_0) = 0(x_0 \neq 0)$，则(　　)

(A) $f(x_0)$ 是 $f(x)$ 的极大值.

(B) $f(x_0)$ 是 $f(x)$ 的极小值.

(C) $(x_0, f(x_0))$ 是曲线 $y = f(x)$ 的拐点.

(D) $f(x_0)$ 不是 $f(x)$ 的极值，$(x_0, f(x_0))$ 也不是曲线 $y = f(x)$ 的拐点.

【答案】　B

【分析】　由题设知

$$x_0 f''(x_0) = 1 - e^{-x_0},$$

$$f''(x_0) = \frac{1 - e^{-x_0}}{x_0} > 0, \qquad (x_0 \neq 0)$$

则 $f(x_0)$ 是 $f(x)$ 的极小值. 故应选(B).

例 7　(2000 年 2)设函数 $f(x)$ 满足关系式 $f''(x) + [f'(x)]^2 = x$，且 $f'(0) = 0$，则(　　)

(A) $f(0)$ 是 $f(x)$ 的极大值.

(B) $f(0)$ 是 $f(x)$ 的极小值.

(C) 点 $(0, f(0))$ 是曲线 $y = f(x)$ 的拐点.

(D) $f(0)$ 不是 $f(x)$ 的极值，点 $(0, f(0))$ 也不是曲线 $y = f(x)$ 的拐点.

【答案】　C

【分析】　将 $x = 0$ 代入等式 $f''(x) + [f'(x)]^2 = x$ 得，$f''(0) = 0$.

等式 $f''(x) + [f'(x)]^2 = x$ 两端对 x 求导得

$$f'''(x) + 2f'(x)f''(x) = 1.$$

将 $x = 0$ 代入上式得 $f'''(0) = 1$. 则点 $(0, f(0))$ 是曲线 $y = f(x)$ 的拐点，故选(C).

例 8　(2004 年 2,3)设 $f(x) = |x(1-x)|$，则(　　)

(A) $x = 0$ 是 $f(x)$ 的极值点，但 $(0,0)$ 不是曲线 $y = f(x)$ 的拐点.

(B) $x = 0$ 不是 $f(x)$ 的极值点，但 $(0,0)$ 是曲线 $y = f(x)$ 的拐点.

(C) $x = 0$ 是 $f(x)$ 的极值点，且 $(0,0)$ 是曲线 $y = f(x)$ 的拐点.

(D) $x = 0$ 不是 $f(x)$ 的极值点，$(0,0)$ 也不是曲线 $y = f(x)$ 的拐点.

思考 & 笔记

【答案】　C

例 **9** 设 $g(x)$ 在 $x=0$ 的某邻域内连续，$f(x)$ 具有一阶连续导数，且满足

$$\lim_{x\to 0}\frac{g(x)}{x}=-3, f'(x)=\ln(1+x^2)-x\int_0^1 g(xt)\mathrm{d}t, 则(\quad)$$

(A) $x=0$ 是 $f(x)$ 的极大值点.

(B) $x=0$ 是 $f(x)$ 的极小值点.

(C) $(0,f(0))$ 是曲线 $y=f(x)$ 的拐点.

(D) $x=0$ 不是 $f(x)$ 的极值点，$(0,f(0))$ 也不是曲线 $y=f(x)$ 的拐点.

【答案】 C

【分析一】 **直接法**

由 $f'(x)=\ln(1+x^2)-x\int_0^1 g(xt)\mathrm{d}t$

$$=\ln(1+x^2)-\int_0^1 g(xt)\mathrm{d}(xt)$$

$$=\ln(1+x^2)-\int_0^x g(u)\mathrm{d}u.$$

则 $f''(x)=\dfrac{2x}{1+x^2}-g(x),$

$$\lim_{x\to 0}\frac{f''(x)}{x}=\lim_{x\to 0}\left(\frac{2}{1+x^2}-\frac{g(x)}{x}\right)=2+3=5>0.$$

由此可知 $f''(x)$ 在 $x=0$ 点两侧改变符号，则 $(0,f(0))$ 是拐点，故应选(C).

【分析二】 **排除法**

令 $g(x)=-3x$，则

$$f'(x)=\ln(1+x^2)+3x\int_0^1 (xt)\mathrm{d}t=\ln(1+x^2)+\frac{3}{2}x^2,$$

$$f''(x)=\frac{2x}{1+x^2}+3x, f''(0)=0,$$

$$f'''(0)=2+3=5\neq 0.$$

排除(A)(B)(D)，故应选(C).

例 **10** (2025年1,2,3)已知函数 $f(x)=\int_0^x e^{t^2}\sin t\mathrm{d}t, g(x)=\int_0^x e^{t^2}\mathrm{d}t\cdot\sin^2 x$，则($\quad$)

(A) $x=0$ 是 $f(x)$ 的极值点，也是 $g(x)$ 的极值点.

(B) $x=0$ 是 $f(x)$ 的极值点，$(0,0)$ 是曲线 $y=g(x)$ 的拐点.

(C) $x=0$ 是 $f(x)$ 的极值点，$(0,0)$ 是曲线 $y=f(x)$ 的拐点.

(D) $(0,0)$ 是曲线 $y=f(x)$ 拐点，也是曲线 $y=g(x)$ 的拐点.

【答案】 B

【分析一】 $f'(x)=e^{x^2}\sin x, f''(x)=2xe^{x^2}\sin x+e^{x^2}\cos x, f'(0)=0, f''(0)=1,$ 则 $x=0$ 是 $f(x)$ 的极值点.

$$g'(x)=e^{x^2}\sin^2 x+\int_0^x e^{t^2}\mathrm{d}t\cdot\sin 2x,$$

$$g''(x)=2xe^{x^2}\sin^2 x+2e^{x^2}\sin 2x+2\int_0^x e^{t^2}\mathrm{d}t\cdot\cos 2x,$$

$$g'(0)=g''(0)=0.$$

$$g'''(0) = \lim_{x \to 0} \frac{g''(x)}{x} = 0 + 4 + 2\lim_{x \to 0} \frac{\int_0^x e^{t^2} dt}{x} = 6,$$

则 $x = 0$ 是 $f(x)$ 的极值点,点 $(0,0)$ 是曲线 $y = g(x)$ 的拐点. 故应选(B).

【分析二】 $f(x) = \int_0^x [1 + o(1)][t + o(t)]dt = \frac{1}{2}x^2 + o(x^2)$,则

$$f'(0) = 0, f''(0) = 1, x = 0$$

是 $f(x)$ 的极值点.

$$g(x) = \int_0^x [1 + o(1)]dt \cdot [x^2 + o(x^2)] = x^3 + o(x^3),$$

则 $g''(0) = 0, g'''(0) = 6, (0,0)$ 是曲线 $y = g(x)$ 的拐点. 故应选(B).

【分析三】

思考 & 笔记

【分析四】

思考 & 笔记

例 11 设函数 $f(x)$ 有连续的二阶导数,其导函数 $f'(x)$ 的图形如右图,令函数 $y = f(x)$ 的驻点的个数为 l,极值点的个数为 m,曲线 $y = f(x)$ 的拐点个数为 n,则(　　)

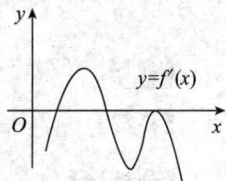

(A)$l = m = n = 3$.　　　　　　　(B)$l = m = n = 2$.

(C)$l = 3, m = 2, n = 3$.　　　　　(D)$l = 3, m = 2, n = 1$.

【答案】 C

【分析】 (1)找驻点就是找 $f'(x) = 0$ 的点,即曲线 $y = f'(x)$ 与 x 轴的交点,显然是 3 个.

（2）找极值点是要在以上 3 个驻点中找两侧一阶导数变号的驻点，显然是 2 个.

（3）找拐点首先找 $f''(x) = 0$ 的点，即曲线 $y = f'(x)$ 上有水平切线的点，显然是 3 个，但这三个点是否是拐点需考查其两侧 $f''(x)$ 是否变号，这可通过考查这些点两侧 $f'(x)$ 增减性是否发生变化来确定，由图可知有 3 个拐点.故应选(C).

例 12 （2014 年 1,2）下列曲线中有渐近线的是（　　）

(A) $y = x + \sin x$. 　　　　　　　　(B) $y = x^2 + \sin x$.

(C) $y = x + \sin \dfrac{1}{x}$. 　　　　　　(D) $y = x^2 + \sin \dfrac{1}{x}$.

思 考 & 笔 记

【答案】　C

例 13 （2007 年 1,2）曲线 $y = \dfrac{1}{x} + \ln(1 + e^x)$ 渐近线的条数为（　　）

(A) 0. 　　　　　(B) 1. 　　　　　(C) 2. 　　　　　(D) 3.

【答案】　D

【分析】　由于 $\lim\limits_{x \to -\infty}\left[\dfrac{1}{x} + \ln(1 + e^x)\right] = 0$，则原曲线有水平渐近线 $y = 0$；

由于 $\lim\limits_{x \to 0}\left[\dfrac{1}{x} + \ln(1 + e^x)\right] = \infty$，则原曲线有铅直渐近线 $x = 0$，又

$$y = \dfrac{1}{x} + \ln(1 + e^x) = \dfrac{1}{x} + \ln e^x(1 + e^{-x})$$

$$= x + \dfrac{1}{x} + \ln(1 + e^{-x}),$$

又 $\lim\limits_{x \to +\infty}\left[\dfrac{1}{x} + \ln(1 + e^{-x})\right] = 0$，则原曲线有斜渐近线 $y = x$，故应选(D).

例 14 （2017 年 2）曲线 $y = x\left(1 + \arcsin \dfrac{2}{x}\right)$ 的斜渐近线方程为＿＿＿＿＿．

【答案】　$y = x + 2$

【分析一】　$a = \lim\limits_{x \to \infty}\dfrac{y}{x} = \lim\limits_{x \to \infty}\left(1 + \arctan \dfrac{2}{x}\right) = 1$，

$$b = \lim\limits_{x \to \infty}(y - ax) = \lim\limits_{x \to \infty}x\arctan \dfrac{2}{x} = \lim\limits_{x \to \infty}x \cdot \dfrac{2}{x} = 2,$$

则该曲线的斜渐近线方程为 $y = x + 2$.

【分析二】

┌───┐
思考 & 笔记
│   │
│   │
└───┘

例 15 曲线 $y = \dfrac{x^2 \arctan x}{x-1}$ 的渐近线的条数为（　　）

(A)1. 　　　　　(B)2. 　　　　　(C)3. 　　　　　(D)4.

【答案】 C

【分析】 由于 $\lim\limits_{x \to 1} \dfrac{x^2 \arctan x}{x-1} = \infty$，则 $x = 1$ 为其铅直渐近线.

以下讨论 $x \to +\infty$ 时曲线的渐近线.

$$y = \frac{x^2}{x-1}\arctan x = \frac{x}{1-\dfrac{1}{x}}\left(\frac{\pi}{2} - \arctan\frac{1}{x}\right)$$

$$= x\left[1 + \frac{1}{x} + o\left(\frac{1}{x}\right)\right]\left[\frac{\pi}{2} - \frac{1}{x} + o\left(\frac{1}{x}\right)\right] \quad （泰勒公式）$$

$$= \frac{\pi}{2}x + \frac{\pi}{2} - 1 + \alpha(x)(\alpha(x) \to 0),$$

则 $y = \dfrac{\pi}{2}x + \dfrac{\pi}{2} - 1$ 为 $x \to +\infty$ 时的斜渐近线.

同理可知

$$y = -\frac{\pi}{2}x - \frac{\pi}{2} - 1$$

为 $x \to -\infty$ 时的斜渐近线,故应选(C).

例 16 (2023 年 1,2)曲线 $y = x\ln\left(e + \dfrac{1}{x-1}\right)$ 的斜渐近线方程为（　　）

(A)$y = x + e$. 　　　(B)$y = x + \dfrac{1}{e}$. 　　　(C)$y = x$. 　　　(D)$y = x - \dfrac{1}{e}$.

【答案】 B

【分析一】 $a = \lim\limits_{x \to \infty} \dfrac{y}{x} = \lim\limits_{x \to \infty}\ln\left(e + \dfrac{1}{x-1}\right) = 1,$

$b = \lim\limits_{x \to \infty}(y - ax) = \lim\limits_{x \to \infty}\left[x\ln\left(e + \dfrac{1}{x-1}\right) - x\right] = \lim\limits_{x \to \infty}x\left[\ln\left(e + \dfrac{1}{x-1}\right) - \ln e\right]$

$$= \lim_{x \to \infty} x\left[\ln\left(1 + \frac{1}{e(x-1)}\right)\right] = \lim_{x \to \infty} x\left[\frac{1}{e(x-1)}\right] = \frac{1}{e},$$

则该曲线的斜渐近线方程为 $y = x + \frac{1}{e}$.

故应选(B).

【分析二】

思考 & 笔记

例 17 (数三不要求)(2018 年 2) 曲线 $\begin{cases} x = \cos^3 t, \\ y = \sin^3 t, \end{cases}$ 在 $t = \frac{\pi}{4}$ 对应点处的曲率为 _____.

【答案】 $\frac{2}{3}$

【分析一】 $x'\left(\frac{\pi}{4}\right) = -3\cos^2 t \sin t \Big|_{t=\frac{\pi}{4}} = -\frac{3}{2\sqrt{2}}.$

$x''\left(\frac{\pi}{4}\right) = -3\left[-2\cos t \sin^2 t + \cos^3 t\right]\Big|_{t=\frac{\pi}{4}} = \frac{3}{2\sqrt{2}}.$

$y'\left(\frac{\pi}{4}\right) = 3\sin^2 t \cos t \Big|_{t=\frac{\pi}{4}} = \frac{3}{2\sqrt{2}}.$

$y''\left(\frac{\pi}{4}\right) = 3\left[2\sin t \cos^2 t - \sin^3 t\right]\Big|_{t=\frac{\pi}{4}} = \frac{3}{2\sqrt{2}}.$

$K = \frac{|y''x' - x''y'|}{(x'^2 + y'^2)^{\frac{3}{2}}} = \frac{2}{3}.$

【分析二】 $\frac{dy}{dx} = \frac{y'(t)}{x'(t)} = \frac{3\sin^2 t \cos t}{-3\cos^2 t \sin t} = -\tan t.$

$\frac{d^2 y}{dx^2} = -\sec^2 t \cdot \frac{1}{x'(t)} = -\sec^2 t \cdot \frac{1}{-3\cos^2 t \sin t}$

$\qquad = \frac{1}{3\cos^4 t \sin t}.$

$\frac{dy}{dx}\Big|_{t=\frac{\pi}{4}} = -1, \quad \frac{d^2 y}{dx^2}\Big|_{t=\frac{\pi}{4}} = \frac{4\sqrt{2}}{3}.$

$K = \frac{|y''|}{(1 + y'^2)^{\frac{3}{2}}} = \frac{\frac{4\sqrt{2}}{3}}{[1 + (-1)^2]^{\frac{3}{2}}} = \frac{4\sqrt{2}}{3} \cdot \frac{1}{2\sqrt{2}} = \frac{2}{3}.$

例 18 （数三不要求）（2024 年 2）曲线 $y^2 = x$ 在点 $(0,0)$ 处的曲率圆方程为_____.

【答案】　$\left(x - \dfrac{1}{2}\right)^2 + y^2 = \dfrac{1}{4}$

【分析】　$\left.\dfrac{\mathrm{d}x}{\mathrm{d}y}\right|_{y=0} = 2y\big|_{y=0} = 0,\ \left.\dfrac{\mathrm{d}^2 x}{\mathrm{d}y^2}\right|_{y=0} = 2\big|_{y=0} = 2,$ 则

$$K = \frac{\left|x''(0)\right|}{\left[1 + x'^2(0)\right]^{\frac{3}{2}}} = 2,$$

则曲率半径为 $R = \dfrac{1}{2}$，曲率圆方程为 $\left(x - \dfrac{1}{2}\right)^2 + y^2 = \dfrac{1}{4}$.

练习题

1. 设 $f(x),g(x)$ 在点 x_0 处二阶可导，且 $f(x_0) = g(x_0) = 0, f'(x_0)g'(x_0) > 0$，则（　　）
   (A) x_0 不是 $f(x)g(x)$ 的驻点.
   (B) x_0 是 $f(x)g(x)$ 的驻点，但不是极值点.
   (C) x_0 是 $f(x)g(x)$ 的驻点，且是极小值点.
   (D) x_0 是 $f(x)g(x)$ 的驻点，且是极大值点.

2. 设 $f(x)$ 在 $[0, +\infty)$ 上有二阶连续导数，且 $f''(x) > 0, y = y(x)$ 是曲线 $y = f(x)$ 在 $(0, +\infty)$ 内任意点 x_0 处的切线方程，记 $F(x) = f(x) - y(x)$，则（　　）
   (A) $F(x)$ 在 x_0 处取最大值.　　　　(B) $F(x)$ 在 x_0 处取最小值.
   (C) $(x_0, f(x_0))$ 为曲线 $y = F(x)$ 的拐点.　(D) $F(x)$ 在 x_0 处不取得极值.

3. 已知曲线 $y = a\,(x^2 - 3)^2\,(a > 0)$，若曲线在拐点处的法线通过原点，则 $a =$ _____.

4. 设 $f(x) = \lim\limits_{t \to \infty} x\left(\dfrac{t^2 + t}{t^2 + 1}\right)^{2xt}$，则曲线 $y = f(x)$ 的拐点为_____.

5. 曲线 $y = \sqrt{x^2 + x + 1} + \sqrt{x^2 - x + 1} + e^{\frac{1}{x}}$ 的渐近线的条数为( )

(A)1.   (B)2.   (C)3.   (D)4.

6. (数三不要求)已知 $y = y(x)$ 由 $x = \dfrac{3t}{1+t^3}, y = \dfrac{3t^2}{1+t^3}$ 确定,则曲线 $y = y(x)$ 的斜渐近线方程为( )

(A)$x + y = 0$.   (B)$x - y = 0$.   (C)$x + y = -1$.   (D)$x - y = -2$.

7. 设 $\lim\limits_{x \to +\infty} f'(x) = 1$,且 $\lim\limits_{x \to +\infty}\left[f(x) - \dfrac{x^2}{1+x} + \dfrac{1}{2} \right] = \lim\limits_{x \to +\infty}\left[f(\sqrt{x^2 + x}) - f(\sqrt{x^2 + 1}) \right]$,则曲线 $y = f(x)$ 有斜渐近线( )

(A)$y = -x + 1$.   (B)$y = x + 1$.   (C)$y = x$.   (D)$y = x - 1$.

答 案

1. C;   2. B;   3. $\dfrac{\sqrt{2}}{8}$;   4. $\left(-1, -\dfrac{1}{e^2} \right)$;   5. C;   6. C;   7. D.

四、方程的根及不等式

常用方法

1. 根的存在性

    方法1:零点定理;   方法2:罗尔定理.

2. 根的个数

    方法1:单调性;   方法2:罗尔定理推论.

    罗尔定理推论:若在区间 I 上 $f^{(n)}(x) \neq 0$,则方程 $f(x) = 0$ 在 I 上最多有 n 个实根.

3. 不等式

    (1) 单调性;   (2) 最大、最小值;   (3) 拉格朗日中值定理;

    (4) 泰勒公式;   (5) 凹凸性.

例 1　(2005 年 3) 当 a 取下列哪个值时,函数 $f(x) = 2x^3 - 9x^2 + 12x - a$ 恰有两个不同的零点(　　)

(A)2.　　　　　(B)4.　　　　　(C)6.　　　　　(D)8.

【答案】　B

【分析】　令 $g(x) = 2x^3 - 9x^2 + 12x$,则 $f(x)$ 恰有两个不同零点的几何意义是曲线 $y = g(x)$ 与直线 $y = a$ 恰有两个交点.

$$g'(x) = 6x^2 - 18x + 12 = 6(x-1)(x-2).$$

又 $g(1) = 5, g(2) = 4$,则曲线 $y = g(x)$ 如右图.

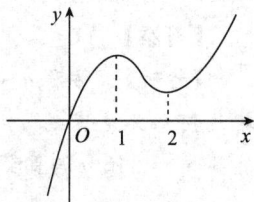

由此可知,$a = 4$ 或 5 时,曲线 $y = g(x)$ 与直线 $y = a$ 恰有两个交点,故应选(B).

例 2　(2021 年 2,3) 设函数 $f(x) = ax - b\ln x (a > 0)$ 有两个零点,则 $\dfrac{b}{a}$ 的取值范围是(　　)

(A)$(e, +\infty)$.　　(B)$(0, e)$.　　(C)$\left(0, \dfrac{1}{e}\right)$.　　(D)$\left(\dfrac{1}{e}, +\infty\right)$.

【答案】　A

【分析一】　$f(x) = ax - b\ln x$ 有两个零点等价于方程

$$\frac{\ln x}{x} = \frac{a}{b}$$

有两个实根,也等价于曲线 $y = \dfrac{\ln x}{x}$ 与直线 $y = \dfrac{a}{b}$ 有两个交点.令

$$\varphi(x) = \frac{\ln x}{x},$$

则 $\varphi'(x) = \dfrac{1 - \ln x}{x^2}$.令 $\varphi'(x) = 0$ 得 $x = e$,则曲线 $y = \dfrac{\ln x}{x}$ 如图.由此可知当

$0 < \dfrac{a}{b} < \dfrac{1}{e}$ 时曲线 $y = \dfrac{\ln x}{x}$ 与直线 $y = \dfrac{a}{b}$ 有两个交点,即当

$$e < \frac{b}{a} < +\infty$$

时,函数 $f(x) = ax - b\ln x$ 有两个零点.

故应选(A).

【分析二】　$f(x) = ax - b\ln x$ 有两个零点等价于曲线 $y = \ln x$ 与直线 $y = \dfrac{a}{b}x$ 有两个交点.设曲线 $y = \ln x$ 与直线 $y = \dfrac{a}{b}x$ 的切点为 (x_0, y_0),则

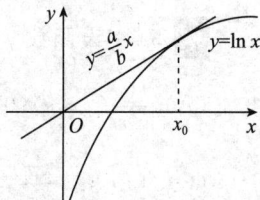

$$\begin{cases} \ln x_0 = \dfrac{a}{b}x_0, \\ \dfrac{1}{x_0} = \dfrac{a}{b}. \end{cases}$$

则 $\dfrac{a}{b} = \dfrac{1}{e}$,由此可知,当 $0 < \dfrac{a}{b} < \dfrac{1}{e}$ 时,曲线 $y = \ln x$ 与直线 $y = \dfrac{a}{b}x$ 有两个交点,即

当 $e < \dfrac{b}{a} < +\infty$ 时,函数 $f(x) = ax - b\ln x$ 有两个零点,故应选(A).

例 3 方程 $a^x = x$ 有实根的充要条件是(　　)

(A)$0 < a \leqslant e$. 　(B)$0 < a \leqslant \dfrac{1}{e}$. 　(C)$0 < a < e^{\frac{1}{e}}$. 　(D)$0 < a \leqslant e^{\frac{1}{e}}$.

【答案】 D

【分析】 方程 $a^x = x$ 有实根等价于方程 $x\ln a = \ln x$ 有实根,其几何意义是直线 $y = x\ln a$ 与曲线 $y = \ln x$ 有交点(如右图),设直线 $y = x\ln a$ 与曲线 $y = \ln x$ 在 (x_0, y_0) 点相切,则

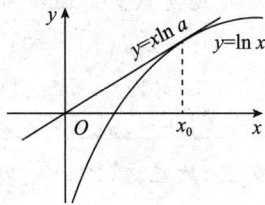

$$\begin{cases} x_0 \ln a = \ln x_0, \\ \ln a = \dfrac{1}{x_0}. \end{cases}$$

由此得 $a = e^{\frac{1}{e}}$,由几何意义知,当且仅当 $\ln a \leqslant \ln e^{\frac{1}{e}} = \dfrac{1}{e}$,即 $0 < a \leqslant e^{\frac{1}{e}}$ 时,曲线 $y = \ln x$ 与直线 $y = x\ln a$ 有交点,即方程 $a^x = x$ 有实根,故应选(D).

例 4 (2020 年 2) 设函数 $f(x)$ 在区间 $[-2, 2]$ 上可导,且 $f'(x) > f(x) > 0$,则(　　)

(A)$\dfrac{f(-2)}{f(-1)} > 1$. 　(B)$\dfrac{f(0)}{f(-1)} > e$. 　(C)$\dfrac{f(1)}{f(-1)} < e^2$. 　(D)$\dfrac{f(2)}{f(-1)} < e^3$.

【答案】 B

【分析一】 直接法

令 $g(x) = e^{-x} f(x)$,由于 $f'(x) > f(x)$,则 $g'(x) = e^{-x}[f'(x) - f(x)] > 0$,故函数 $g(x)$ 在区间 $(-2, 2)$ 上单调增,从而 $g(0) > g(-1)$,即 $f(0) > ef(-1)$.

又 $f(x) > 0$,所以 $\dfrac{f(0)}{f(-1)} > e$,故选(B).

【分析二】 排除法

取 $f(x) = e^{2x}$,则 $f(x)$ 满足 $f'(x) > f(x) > 0$,此时有

$$\dfrac{f(-2)}{f(-1)} = e^{-2} < 1, \quad \dfrac{f(1)}{f(-1)} = e^4 > e^2, \quad \dfrac{f(2)}{f(-1)} = e^6 > e^3.$$

则排除(A)(C)(D),故应选(B).

例 5 设函数 $f(x)$ 可导,且 $f'(x)$ 单调减,$f(0) = 0$,则当 $x \in (0, 1)$ 时(　　)

(A)$\dfrac{f(x)}{x} > f'(0)$. 　　　　　(B)$\dfrac{f(x)}{x} < f(1)$.

(C)$f(1) < \dfrac{f(x)}{x} < f'(0)$. 　　　(D)$f'(0) < \dfrac{f(x)}{x} < f(1)$.

【答案】 C

【分析一】 直接法

令 $g(x) = \dfrac{f(x)}{x}, x \in (0, 1)$,则

$$g'(x) = \frac{xf'(x) - f(x)}{x^2} = \frac{xf'(x) - [f(x) - f(0)]}{x^2}$$

$$= \frac{xf'(x) - xf'(\xi)}{x^2} \qquad (0 < \xi < x)$$

$$= \frac{f'(x) - f'(\xi)}{x} < 0.$$

则 $g(x)$ 在 $[0,1]$ 上单调减,当 $x \in (0,1)$ 时,$g(x) > g(1)$,即 $\dfrac{f(x)}{x} > \dfrac{f(1)}{1} = f(1)$,且当 $0 < t < x$ 时

$$\frac{f(t)}{t} > \frac{f(x)}{x},$$

$$f'_+(0) = \lim_{t \to 0^+} \frac{f(t)}{t} > \frac{f(x)}{x}.$$

故应选(C).

【分析二】 排除法

令 $f(x) = -x^2$.

【分析三】 几何法

思考 & 笔记

例 6 设函数 $f(x)$ 二阶可导,$f(x) > 0$,$\lim\limits_{x \to 0} \dfrac{f(x) - 1}{x} = 1$,且 $f(x)f''(x) > [f'(x)]^2$,则( )

(A)$e^{-x}f(x) \geqslant 1$. (B)$e^{-x}f(x) < 1$. (C)$\dfrac{\ln f(x)}{x} < 1$. (D)$\dfrac{\ln f(x)}{x} > 1$.

【答案】 A

【分析一】 直接法

由 $\lim\limits_{x \to 0} \dfrac{f(x) - 1}{x} = 1$ 知,$f(0) = 1$,$f'(0) = 1$.

由 $f(x)f''(x) > [f'(x)]^2$,知

$$f(x)f''(x) - [f'(x)]^2 > 0.$$

即
$$\left[\frac{f'(x)}{f(x)}\right]' > 0.$$

令 $g(x) = \ln f(x)$，则 $g'(x) = \frac{f'(x)}{f(x)}$，从而有 $g''(x) > 0$，曲线 $y = g(x)$ 是凹的，该曲线在 $(0,0)$ 点的切线方程为 $y = x$，则
$$g(x) \geqslant x，即 \ln f(x) \geqslant x，$$
$$f(x) \geqslant \mathrm{e}^x，\mathrm{e}^{-x} f(x) \geqslant 1.$$

故应选(A).

【分析二】 排除法

令 $f(x) = \mathrm{e}^{x+x^2}$.

练习题

1. (1993 年 3) 设常数 $k > 0$，函数 $f(x) = \ln x - \dfrac{x}{\mathrm{e}} + k$ 在 $(0, +\infty)$ 内零点个数为(　　)

(A)3.   (B)2.   (C)1.   (D)0.

2. 已知方程 $\mathrm{e}^x = kx$ 有且仅有一个实根，则 k 的取值范围是_____.

3. 设 $f(x) = x^3 (1-x)^3$，则方程 $f'''(x) = 0$ 在 $(0,1)$ 上(　　)

(A) 有 1 个根.   (B) 有 2 个根.   (C) 有 3 个根.   (D) 有 4 个根.

4. (2017 年 1,3) 设函数 $f(x)$ 可导，且 $f(x)f'(x) > 0$，则(　　)

(A)$f(1) > f(-1)$.   (B)$f(1) < f(-1)$.

(C)$|f(1)| > |f(-1)|$.   (D)$|f(1)| < |f(-1)|$.

5. 设 $0 < x < y < 1$,则下列不等式成立的是( )

(A) $\dfrac{e^y - 1}{e^x - 1} > \dfrac{y}{x}$. (B) $\dfrac{e^y - 1}{e^x - 1} < \dfrac{y}{x}$. (C) $\dfrac{e^y - 1}{e^x - 1} \leqslant \dfrac{y}{x}$. (D) $\dfrac{e^y - 1}{e^x - 1} \geqslant \dfrac{y}{x}$.

6. 设 $f(x)$ 是可微函数,当 $0 < a < x < b$ 时,恒有 $xf'(x) < 2f(x)$,则( )

(A) $a^2 f(x) > x^2 f(a)$. (B) $b^2 f(x) > x^2 f(b)$.

(C) $xf(x) > bf(b)$. (D) $xf(x) < af(a)$.

7. 设 $f(x)$ 在 $[0, +\infty)$ 上二阶可导,且 $f(0) = 0, f''(x) < 0$,则当 $0 < a < x < b$ 时( )

(A) $af(x) > xf(a)$. (B) $bf(x) > xf(b)$.

(C) $xf(x) < bf(b)$. (D) $xf(x) > af(a)$.

答 案

1. B; 2. $k < 0$ 或 $k = e$; 3. C; 4. C; 5. A; 6. B; 7. B.

第三章　　一元函数积分学

一、定积分的概念及性质

常用结论

1. 定积分的概念

$$\int_a^b f(x)\,dx = \lim_{\lambda \to 0} \sum_{i=1}^n f(\xi_i)\Delta x_i.$$

2. 可积性

(1) 必要条件：若 $\int_a^b f(x)\,dx$ 存在，则 $f(x)$ 在 $[a,b]$ 上有界.

(2) 充分条件：

① 若 $f(x)$ 在 $[a,b]$ 上连续，则 $\int_a^b f(x)\,dx$ 必定存在.

② 若 $f(x)$ 在 $[a,b]$ 上有界，且只有有限个间断点，则 $\int_a^b f(x)\,dx$ 必定存在.

③ 若 $f(x)$ 在 $[a,b]$ 上只有有限个第一类间断点，则 $\int_a^b f(x)\,dx$ 必定存在.

3. 定积分的性质

(1) 不等式性质.

① 若 $f(x) \leqslant g(x)$，$x \in [a,b]$，则 $\int_a^b f(x)\,dx \leqslant \int_a^b g(x)\,dx$.

② 若在 $[a,b]$ 上，$m \leqslant f(x) \leqslant M$，则

$$m(b-a) \leqslant \int_a^b f(x)\,dx \leqslant M(b-a).$$

③ $\left| \int_a^b f(x)\,dx \right| \leqslant \int_a^b |f(x)|\,dx.$

(2) 中值定理.

① 若 $f(x)$ 在 $[a,b]$ 上连续，则 $\int_a^b f(x)\,dx = f(\xi)(b-a)(a < \xi < b)$.

② 若 $f(x), g(x)$ 在 $[a,b]$ 上连续，且 $g(x)$ 不变号，则

$$\int_a^b f(x)g(x)\,dx = f(\xi)\int_a^b g(x)\,dx (a \leqslant \xi \leqslant b).$$

例 1 （2021 年 1,2）设函数 $f(x)$ 在区间 $[0,1]$ 上连续，则 $\int_0^1 f(x)\,dx = ($　　$)$

(A) $\lim\limits_{n \to \infty} \sum\limits_{k=1}^n f\left(\dfrac{2k-1}{2n}\right)\dfrac{1}{2n}$.

(B) $\lim\limits_{n \to \infty} \sum\limits_{k=1}^n f\left(\dfrac{2k-1}{2n}\right)\dfrac{1}{n}$.

(C) $\lim\limits_{n \to \infty} \sum\limits_{k=1}^{2n} f\left(\dfrac{k-1}{2n}\right)\dfrac{1}{n}$.

(D) $\lim\limits_{n \to \infty} \sum\limits_{k=1}^{2n} f\left(\dfrac{k}{2n}\right)\dfrac{2}{n}$.

【答案】 B

【分析一】 **直接法**

由定积分定义知

$$\int_0^1 f(x)\,\mathrm{d}x = \lim_{n\to\infty}\sum_{k=1}^n f(\xi_k)\Delta x_k,$$

这里是将$[0,1]$区间n等分,因此$\Delta x_k=\dfrac{1}{n}$,第k个子区间$\left[\dfrac{k-1}{n},\dfrac{k}{n}\right]$中取$\xi_k=\dfrac{2k-1}{2n}$(区间中点),则

$$\int_0^1 f(x)\,\mathrm{d}x = \lim_{n\to\infty}\sum_{k=1}^n f\left(\dfrac{2k-1}{2n}\right)\dfrac{1}{n}.$$

故应选(B).

【分析二】 **排除法**

取$f(x)=1,\int_0^1 f(x)\,\mathrm{d}x=\int_0^1 1\,\mathrm{d}x=1,$而

$$\lim_{n\to\infty}\sum_{k=1}^n f\left(\dfrac{2k-1}{2n}\right)\cdot\dfrac{1}{2n}=\dfrac{1}{2},$$

$$\lim_{n\to\infty}\sum_{k=1}^{2n} f\left(\dfrac{k-1}{2n}\right)\cdot\dfrac{1}{n}=2,$$

$$\lim_{n\to\infty}\sum_{k=1}^{2n} f\left(\dfrac{k}{2n}\right)\cdot\dfrac{2}{n}=4,$$

则排除(A)(C)(D),故应选(B).

例 2 (2004 年 2) $\lim\limits_{n\to\infty}\ln\sqrt[n]{\left(1+\dfrac{1}{n}\right)^2\left(1+\dfrac{2}{n}\right)^2\left(1+\dfrac{n}{n}\right)^2}=(\quad)$

(A) $\int_1^2 \ln^2 x\,\mathrm{d}x.$　　　　　(B) $2\int_1^2 \ln x\,\mathrm{d}x.$

(C) $2\int_1^2 \ln(1+x)\,\mathrm{d}x.$　　　(D) $\int_1^2 \ln^2(1+x)\,\mathrm{d}x.$

【答案】 B

【分析】 $\lim\limits_{n\to\infty}\ln\sqrt[n]{\left(1+\dfrac{1}{n}\right)^2\left(1+\dfrac{2}{n}\right)^2\cdots\left(1+\dfrac{n}{n}\right)^2}$

$=2\lim\limits_{n\to\infty}\dfrac{1}{n}\left[\ln\left(1+\dfrac{1}{n}\right)+\ln\left(1+\dfrac{2}{n}\right)+\cdots+\ln\left(1+\dfrac{n}{n}\right)\right]$

$=2\int_1^2 \ln x\,\mathrm{d}x.$

故应选(B).

例 3 $\lim\limits_{n\to\infty}\sum_{k=1}^n \dfrac{1}{n^2(\mathrm{e}^{\frac{k}{n}}-\mathrm{e}^{\frac{k-1}{n}})}=$ _____.

【答案】 $1-\dfrac{1}{\mathrm{e}}$

【分析】 $\lim\limits_{n\to\infty}\sum_{k=1}^n \dfrac{1}{n^2(\mathrm{e}^{\frac{k}{n}}-\mathrm{e}^{\frac{k-1}{n}})}=\lim\limits_{n\to\infty}\sum_{k=1}^n \dfrac{1}{n\mathrm{e}^{\xi}}$ 　　　　(拉格朗日中值定理)

$=\lim\limits_{n\to\infty}\dfrac{1}{n}\sum_{k=1}^n \dfrac{1}{\mathrm{e}^{\xi}}=\int_0^1 \dfrac{1}{\mathrm{e}^x}\,\mathrm{d}x$ 　　　(定积分定义)

$$= \int_0^1 e^{-x} dx = 1 - \frac{1}{e}.$$

例 4 $\lim\limits_{n \to \infty} \frac{\sqrt[3]{n}}{n^2} \sum\limits_{k=1}^{n} \sqrt[3]{(n+k)(n+k+1)} = ($)

(A) $2\sqrt[3]{2}$.   (B) $2\sqrt[3]{2} - 1$.   (C) $\frac{3}{5}(2\sqrt[3]{4} - 1)$.   (D) $\frac{1}{2}(\sqrt[3]{2} - 1)$.

【答案】 C

【分析】

$$\frac{1}{n}\left(1 + \frac{k}{n}\right)^{\frac{2}{3}} < \frac{\sqrt[3]{n}}{n^2}\sqrt[3]{(n+k)(n+k+1)} = \frac{1}{n}\sqrt[3]{\left(1 + \frac{k}{n}\right)\left(1 + \frac{k+1}{n}\right)} < \frac{1}{n}\left(1 + \frac{k+1}{n}\right)^{\frac{2}{3}},$$

则 $\frac{1}{n}\sum\limits_{k=1}^{n}\left(1 + \frac{k}{n}\right)^{\frac{2}{3}} < \frac{\sqrt[3]{n}}{n^2}\sum\limits_{k=1}^{n}\sqrt[3]{(n+k)(n+k+1)} < \frac{1}{n}\sum\limits_{k=1}^{n}\left(1 + \frac{k+1}{n}\right)^{\frac{2}{3}}.$

$$\lim_{n \to \infty} \frac{1}{n}\sum_{k=1}^{n}\left(1 + \frac{k}{n}\right)^{\frac{2}{3}} = \int_0^1 (1+x)^{\frac{2}{3}} dx = \frac{3}{5}(1+x)^{\frac{5}{3}}\Big|_0^1$$

$$= \frac{3}{5}(2^{\frac{5}{3}} - 1) = \frac{3}{5}(2\sqrt[3]{4} - 1).$$

$$\lim_{n \to \infty} \frac{1}{n}\sum_{k=1}^{n}\left(1 + \frac{k+1}{n}\right)^{\frac{2}{3}} = \lim_{n \to \infty}\left[\frac{1}{n}\sum_{k=1}^{n}\left(1 + \frac{k}{n}\right)^{\frac{2}{3}} - \frac{1}{n}\left(1 + \frac{1}{n}\right)^{\frac{2}{3}} + \frac{1}{n}\left(1 + \frac{n+1}{n}\right)^{\frac{2}{3}}\right]$$

$$= \lim_{n \to \infty} \frac{1}{n}\sum_{k=1}^{n}\left(1 + \frac{k}{n}\right)^{\frac{2}{3}} = \int_0^1 (1+x)^{\frac{2}{3}} dx = \frac{3}{5}(2\sqrt[3]{4} - 1).$$

故应选(C).

例 5 $\lim\limits_{n \to \infty} \int_1^{\sqrt{3}} \frac{\sqrt[n]{x}}{1+x^2} dx = ($)

(A) $\frac{\pi}{2}$.   (B) $\frac{\pi}{3}$.   (C) $\frac{\pi}{6}$.   (D) $\frac{\pi}{12}$.

【答案】 D

【分析一】 由于 $\int_1^{\sqrt{3}} \frac{1}{1+x^2} dx \leqslant \int_1^{\sqrt{3}} \frac{\sqrt[n]{x}}{1+x^2} dx \leqslant 3^{\frac{1}{2n}}\int_1^{\sqrt{3}} \frac{1}{1+x^2} dx$，且 $\lim\limits_{n \to \infty} 3^{\frac{1}{2n}} = 1.$

则 $\lim\limits_{n \to \infty} \int_1^{\sqrt{3}} \frac{\sqrt[n]{x}}{1+x^2} dx = \int_1^{\sqrt{3}} \frac{1}{1+x^2} dx = \arctan x \Big|_1^{\sqrt{3}} = \frac{\pi}{12}.$

故应选(D).

【分析二】

思考 & 笔记

例 6　考虑一元函数下面四条性质

①$f(x)$ 在 $[a,b]$ 上连续；　②$f(x)$ 在 $[a,b]$ 上可积；

③$f(x)$ 在 $[a,b]$ 上可导；　④$f(x)$ 在 $[a,b]$ 上存在原函数.

若用"$P \Rightarrow Q$"表示可由性质 P 推出性质 Q,则(　　)

(A) ①⇒②⇒④.　　　　　　　(B) ①⇒④⇒②.

(C) ③⇒①⇒②.　　　　　　　(D) ③⇒④⇒①.

思考 & 笔记

【答案】 C

例 7　设 $F(x)$ 是 $f(x)$ 在 $[a,b]$ 上的一个原函数,则 $f(x)+F(x)$ 在 $[a,b]$ 上(　　)

(A) 可导.　　　(B) 连续.　　　(C) 存在原函数.　　　(D) 可积.

思考 & 笔记

【答案】 C

例 8　(2003 年 2) 设 $I_1 = \int_0^{\frac{\pi}{4}} \frac{\tan x}{x} \mathrm{d}x, I_2 = \int_0^{\frac{\pi}{4}} \frac{x}{\tan x} \mathrm{d}x$,则(　　)

(A)$I_1 > I_2 > 1$.　　(B)$1 > I_1 > I_2$.　　(C)$I_2 > I_1 > 1$.　　(D)$1 > I_2 > I_1$.

【答案】 B

【分析一】　由于当 $0 < x < \frac{\pi}{2}$ 时,$\sin x < x < \tan x$,则 $\frac{\tan x}{x} > \frac{x}{\tan x}$,

$$\int_0^{\frac{\pi}{4}} \frac{\tan x}{x} \mathrm{d}x > \int_0^{\frac{\pi}{4}} \frac{x}{\tan x} \mathrm{d}x,$$

即 $I_1 > I_2$,则排除(C)(D).又

$$\int_0^{\frac{\pi}{4}} \frac{x}{\tan x} \mathrm{d}x < \int_0^{\frac{\pi}{4}} 1 \mathrm{d}x = \frac{\pi}{4} < 1.$$

则排除(A),故应选(B).

【分析二】

思考 & 笔记

【分析三】

思考 & 笔记

【分析四】

思考 & 笔记

例 9 设 $I_1 = \int_0^{\frac{\pi}{2}} \frac{\sin x \cos x}{1+x^2} dx, I_2 = \int_0^{\frac{\pi}{2}} \frac{\sin x}{1+x^2} dx, I_3 = \int_0^{\frac{\pi}{2}} \frac{\cos x}{1+x^2} dx,$ 则（ ）

(A)$I_1 < I_2 < I_3$.   (B)$I_1 > I_2 > I_3$.   (C)$I_2 > I_3 > I_1$.   (D)$I_2 > I_1 > I_3$.

思 考 & 笔 记

【答案】 A

例 10 设 $f(x)$ 在 $[0,1]$ 上连续且单调递增，则对任意的 $a, b(0 < a < b < 1)$，下列结论正确的是（ ）

(A)$b\int_0^b f(x)dx > a\int_0^b f(x)dx$.   (B)$\int_0^a f(x)dx > a\int_0^1 f(x)dx$.

(C)$\int_0^b f(x)dx > b\int_0^1 f(x)dx$.   (D)$(1-a)\int_0^b f(x)dx < b\int_a^1 f(x)dx$.

【答案】 D

【分析一】 **直接法** 由平均值定义知，$\dfrac{\int_a^b f(x)dx}{b-a}$ 为 $f(x)$ 在区间 $[a,b]$ 上的平均值，由于 $f(x)$ 单调递增，则 $f(x)$ 在区间 $[0,b]$ 上的平均值小于 $f(x)$ 在区间 $[a,1]$ 上的平均值，即

$$\frac{\int_0^b f(x)dx}{b} < \frac{\int_a^1 f(x)dx}{1-a}.$$

则

$$(1-a)\int_0^b f(x)dx < b\int_a^1 f(x)dx.$$

故应选(D).

【分析二】

思 考 & 笔 记

例 **11** （2017 年 2）设二阶可导函数 $f(x)$ 满足 $f(1) = f(-1) = 1, f(0) = -1$，且 $f''(x) > 0$，则（　　）

(A) $\int_{-1}^{1} f(x)dx > 0$.　　　　　　　(B) $\int_{-1}^{1} f(x)dx < 0$.

(C) $\int_{-1}^{0} f(x)dx > \int_{0}^{1} f(x)dx$.　　(D) $\int_{-1}^{0} f(x)dx < \int_{0}^{1} f(x)dx$.

【答案】　B

【分析一】　几何法

由 $f''(x) > 0$ 知，知曲线 $y = f(x)$ 是凹的，曲线 $y = f(x)$ 在连接 $(-1,1), (0,-1), (1,1)$ 的折线下方（如图）.令其折线方程为 $y = g(x)$，由定积分几何意义知

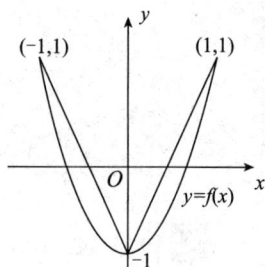

$$\int_{-1}^{1} g(x)dx = 0.$$

$$\int_{-1}^{1} f(x)dx < \int_{-1}^{1} g(x)dx = 0.$$

故应选（B）.

【分析二】　排除法

取 $f(x) = 2x^2 - 1$，显然 $f(x)$ 满足题设条件.

$$\int_{-1}^{1} f(x)dx = 2\int_{0}^{1}(2x^2 - 1)dx = -\frac{2}{3} < 0,$$

$$\int_{-1}^{0} f(x)dx = \int_{0}^{1} f(x)dx.$$

则排除（A）（C）（D），故应选（B）.

例 **12**　设 $f(x)$ 在 $[0,1]$ 上二阶可导，则下列命题正确的是（　　）

① 若 $f''(x) > 0$，则 $\int_{0}^{1} f(x)dx > f\left(\frac{1}{2}\right)$.　② 若 $f''(x) > 0$，则 $\int_{0}^{1} f(x)dx < f\left(\frac{1}{2}\right)$.

③ 若 $f''(x) < 0$，则 $\int_{0}^{1} f(x)dx > f\left(\frac{1}{2}\right)$.　④ 若 $f''(x) < 0$，则 $\int_{0}^{1} f(x)dx < f\left(\frac{1}{2}\right)$.

(A) ①④.　　　　(B) ②③.　　　　(C) ②④.　　　　(D) ①③.

思 考 & 笔 记

【答案】　A

例 **13**　(2022 年 1,2,3)已知 $I_1=\displaystyle\int_0^1\frac{x}{2(1+\cos x)}\mathrm{d}x, I_2=\int_0^1\frac{\ln(1+x)}{1+\cos x}\mathrm{d}x, I_3=\int_0^1\frac{2x}{1+\sin x}\mathrm{d}x,$
则(　　)

(A)$I_1<I_2<I_3$.　　(B)$I_2<I_1<I_3$.　　(C)$I_1<I_3<I_2$.　　(D)$I_3<I_2<I_1$.

【答案】　A

【分析一】　由于当 $x>0$ 时,$\dfrac{x}{1+x}<\ln(1+x)<x$,则当 $0<x\leqslant 1$ 时,

$$\frac{x}{2}<\ln(1+x),$$

从而$\dfrac{x}{2(1+\cos x)}<\dfrac{\ln(1+x)}{1+\cos x}$,则 $I_1<I_2$.

又$\dfrac{2x}{1+\sin x}=\dfrac{x}{\dfrac{1+\sin x}{2}}$,则当 $0<x\leqslant 1$ 时,

$$\ln(1+x)<x,$$

$$1+\cos x>1, \frac{1+\sin x}{2}<1,$$

从而$\dfrac{\ln(1+x)}{1+\cos x}<\dfrac{2x}{1+\sin x}$,则 $I_2<I_3$.

故应选(A).

【分析二】

【分析三】

思考 & 笔记

练习题

1. (2002 年 2)$\displaystyle\lim_{n\to\infty}\frac{1}{n}\left(\sqrt{1+\cos\frac{\pi}{n}}+\sqrt{1+\cos\frac{2\pi}{n}}+\cdots+\sqrt{1+\cos\frac{n\pi}{n}}\right)=$ _____.

2. (2016 年 3) 极限 $\lim\limits_{n\to\infty}\dfrac{1}{n^2}\left(\sin\dfrac{1}{n}+2\sin\dfrac{2}{n}+\cdots+n\sin\dfrac{n}{n}\right)=$ _____.

3. $\lim\limits_{n\to\infty}\left[\left(1+\dfrac{1^2}{n^2}\right)\left(1+\dfrac{2^2}{n^2}\right)\cdots\left(1+\dfrac{n^2}{n^2}\right)\right]^{\frac{1}{n}}=$ _____.

4. $\lim\limits_{n\to\infty}\sum\limits_{k=1}^{n}\dfrac{2^{\frac{k}{n}}}{n+\dfrac{1}{k}}=$ （　　）

(A) $\ln 2$. 　　　　　(B) $\ln 3$. 　　　　　(C) $\dfrac{1}{\ln 2}$. 　　　　　(D) $\dfrac{1}{\ln 3}$.

5. (1997 年 1,2) 设在区间 $[a,b]$ 上 $f(x)>0,f'(x)<0$，
$f''(x)>0$. 令 $S_1=\displaystyle\int_a^b f(x)\mathrm{d}x,S_2=f(b)(b-a)$，
$S_3=\dfrac{1}{2}\big[f(a)+f(b)\big](b-a)$，则（　　）
(A) $S_1<S_2<S_3$. 　　(B) $S_2<S_1<S_3$.
(C) $S_3<S_1<S_2$. 　　(D) $S_2<S_3<S_1$.

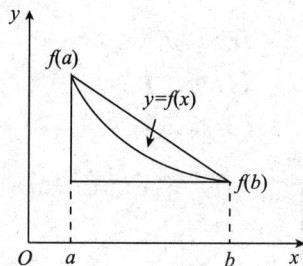

6. (2011 年 1,2,3) 设 $I=\displaystyle\int_0^{\frac{\pi}{4}}\ln\sin x\mathrm{d}x,J=\displaystyle\int_0^{\frac{\pi}{4}}\ln\cot x\mathrm{d}x,K=\displaystyle\int_0^{\frac{\pi}{4}}\ln\cos x\mathrm{d}x$，则 I,J,K 的
大小关系为（　　）
(A) $I<J<K$. 　　(B) $I<K<J$. 　　(C) $J<I<K$. 　　(D) $K<J<I$.

7. 设正值连续函数 $f(x)$ 在 $[0,1]$ 上单调递减，则对任意的 $a,b(0<a<b<1)$，下列结论不
正确的是（　　）
(A) $a\displaystyle\int_0^b f(x)\mathrm{d}x>b\displaystyle\int_0^a f(x)\mathrm{d}x$. 　　　　(B) $b\displaystyle\int_0^a f(x)\mathrm{d}x>a\displaystyle\int_0^b f(x)\mathrm{d}x$.
(C) $a\displaystyle\int_0^b \sqrt{f(x)}\mathrm{d}x<b\displaystyle\int_0^a \sqrt{f(x)}\mathrm{d}x$. 　　(D) $b\displaystyle\int_0^a \sqrt{f(x)}\mathrm{d}x<b\displaystyle\int_0^b \sqrt{f(x)}\mathrm{d}x$.

8. 设 $f(x)$ 在 $[-1,1]$ 上二阶可导，且 $f''(x)>0$，$\lim\limits_{x\to 0}\dfrac{f(x)+1}{x}=a$，记 $I=\int_{-1}^{1}f(x)\mathrm{d}x$，则（　　）

(A)$I>a$. 　　　　(B)$I>-2$. 　　　　(C)$I=0$. 　　　　(D)$I=a$.

答　案

1. $\dfrac{2\sqrt{2}}{\pi}$；　2. $\sin 1-\cos 1$；　3. $2\mathrm{e}^{2(\frac{\pi}{4}-1)}$；　4. C；　5. B；　6. B；　7. A；　8. B.

二、变上限积分函数

常用结论

1. **连续性**

若 $f(x)$ 在 $[a,b]$ 上可积，则 $\int_{a}^{x}f(t)\mathrm{d}t$ 在 $[a,b]$ 上连续.

2. **可导性**

有关 $F(x)=\int_{a}^{x}f(t)\mathrm{d}t$ 的可导性的结论如下.

如果 $f(x)$ 在区间 $[a,b]$ 上除点 $x=x_0\in(a,b)$ 外均连续，则在点 $x=x_0$ 处

$f(x)$	$F(x)=\int_a^x f(t)\mathrm{d}t$
(1) 连续 $\longrightarrow$	可导，且 $F'(x_0)=f(x_0)$；
(2) 可去 $\longrightarrow$	可导，且 $F'(x_0)=\lim\limits_{x\to x_0}f(x_0)$；
(3) 跳跃 $\longrightarrow$	连续但不可导，且 $F'_-(x_0)=\lim\limits_{x\to x_0^-}f(x_0)$，$F'_+(x_0)=\lim\limits_{x\to x_0^+}f(x_0)$.

3. **奇偶性**

设 $f(x)$ 在区间 $[a,b]$ 上连续，则

(1) 若 $f(x)$ 为奇函数，则 $\int_a^x f(t)\mathrm{d}t$ 为偶函数.

(2) 若 $f(x)$ 为偶函数，则 $\int_0^x f(t)\mathrm{d}t$ 为奇函数.

例 1 （1993 年 3）已知 $f(x)=\begin{cases}x^2, & 0\leqslant x<1,\\ 1, & 1\leqslant x\leqslant 2,\end{cases}$ 设 $F(x)=\int_1^x f(t)\mathrm{d}t(0\leqslant x\leqslant 2)$，

则 $F(x)$ 为（　　）

(A)$\begin{cases}\frac{1}{3}x^3, & 0\leqslant x<1,\\ x, & 1\leqslant x\leqslant 2.\end{cases}$ 　　　(B)$\begin{cases}\frac{1}{3}x^3-\frac{1}{3}, & 0\leqslant x<1,\\ x, & 1\leqslant x\leqslant 2.\end{cases}$

(C)$\begin{cases}\frac{1}{3}x^3, & 0\leqslant x<1,\\ x-1, & 1\leqslant x\leqslant 2.\end{cases}$ 　　　(D)$\begin{cases}\frac{1}{3}x^3-\frac{1}{3}, & 0\leqslant x<1,\\ x-1, & 1\leqslant x\leqslant 2.\end{cases}$

【分析一】　直接法

【分析二】 排除法

【答案】 D

例 **2** (1998 年 1) 设 $f(x)$ 连续，则 $\dfrac{\mathrm{d}}{\mathrm{d}x}\displaystyle\int_0^x tf(x^2 - t^2)\mathrm{d}t = ($ $)$

(A) $xf(x^2)$.　　　(B) $-xf(x^2)$.　　　(C) $2xf(x^2)$.　　　(D) $-2xf(x^2)$.

【答案】 A

【分析一】 **直接法**

令 $x^2 - t^2 = u$，则 $-2t\mathrm{d}t = \mathrm{d}u$，

$$\int_0^x tf(x^2 - t^2)\mathrm{d}t = \frac{1}{2}\int_0^{x^2} f(u)\mathrm{d}u,$$

$$\frac{\mathrm{d}}{\mathrm{d}x}\int_0^x tf(x^2 - t^2)\mathrm{d}t = xf(x^2).$$

故应选(A).

【分析二】 **排除法**

令 $f(x) \equiv 1$，则 $\dfrac{\mathrm{d}}{\mathrm{d}x}\displaystyle\int_0^x tf(x^2 - t^2)\mathrm{d}t = \dfrac{\mathrm{d}}{\mathrm{d}x}\displaystyle\int_0^x t\mathrm{d}t = x$，则排除(B)(C)(D)，故应选(A).

例 **3** (2001 年 3) 设 $g(x) = \displaystyle\int_0^x f(u)\mathrm{d}u$，其中 $f(x) = \begin{cases} \dfrac{1}{2}(x^2 + 1), & 0 \leqslant x < 1, \\ \dfrac{1}{3}(x - 1), & 1 \leqslant x \leqslant 2, \end{cases}$

则 $g(x)$ 在区间 $(0,2)$ 内(   )

(A) 无界.　　　(B) 递减.　　　(C) 不连续.　　　(D) 连续.

【答案】 D

【分析】 由于

$$\lim_{x \to 1^-} f(x) = \lim_{x \to 1^-} \frac{1}{2}(x^2 + 1) = 1,$$

$$\lim_{x \to 1^+} f(x) = \lim_{x \to 1^+} \frac{1}{3}(x - 1) = 0,$$

则 $x = 1$ 为 $f(x)$ 的跳跃间断点，从而 $f(x)$ 在区间 $[0,2]$ 上可积，则

$$g(x) = \int_0^x f(u)\mathrm{d}u$$

在 $(0,2)$ 内连续，故应选(D).

【注】 本题中用到两个基本结论：

(1) 若 $f(x)$ 在 $[a,b]$ 上仅有有限个第一类间断点，则 $f(x)$ 在 $[a,b]$ 上可积；

(2) 若 $f(x)$ 在 $[a,b]$ 上可积，则 $F(x)=\int_a^x f(t)\mathrm{d}t$ 在 $[a,b]$ 上连续.

例 4 (2006 年 2) 设 $f(x)$ 是奇函数，除 $x=0$ 外处处连续，$x=0$ 是第一类间断点，则 $\int_0^x f(t)\mathrm{d}t$ 是( )

(A) 连续的奇函数.   (B) 连续的偶函数.

(C) 在 $x=0$ 处间断的奇函数.   (D) 在 $x=0$ 处间断的偶函数.

思 考 & 笔 记

【答案】 B

例 5 (2004 年) 设 $f(x)=\begin{cases}1, & x>0, \\ 0, & x=0, \\ -1, & x<0,\end{cases}$ $F(x)=\int_0^x f(t)\mathrm{d}t$，则( )

(A) $F(x)$ 在 $x=0$ 点不连续.

(B) $F(x)$ 在 $(-\infty,+\infty)$ 内连续，在 $x=0$ 点不可导.

(C) $F(x)$ 在 $(-\infty,+\infty)$ 内可导，且满足 $F'(x)=f(x)$.

(D) $F(x)$ 在 $(-\infty,+\infty)$ 内可导，但不一定满足 $F'(x)=f(x)$.

【答案】 B

【分析】 由于 $x=0$ 为 $f(x)$ 的跳跃间断点，则 $F(x)=\int_0^x f(t)\mathrm{d}t$ 在 $x=0$ 点连续，但不可导. 故应选(B).

【注】 本题用到一个基本结论：

若 $f(x)$ 在 $x\neq x_0$ 处连续，$x=x_0$ 为 $f(x)$ 的跳跃间断点，则 $F(x)=\int_a^x f(t)\mathrm{d}t$ 在 $x=x_0$ 处不可导.

例 6 (2013 年 2) 设函数 $f(x)=\begin{cases}\sin x, & 0\leqslant x<\pi, \\ 2, & \pi\leqslant x\leqslant 2\pi,\end{cases}$ $F(x)=\int_0^x f(t)\mathrm{d}t$，则( )

(A) $x=\pi$ 是函数 $F(x)$ 的跳跃间断点.   (B) $x=\pi$ 是函数 $F(x)$ 的可去间断点.

(C) $F(x)$ 在 $x=\pi$ 处连续但不可导.   (D) $F(x)$ 在 $x=\pi$ 处可导.

【答案】 C

例 7 设 $f(x) = \begin{cases} \dfrac{e^{\frac{1}{x}}}{x^2}, & x < 0, \\ 1, & x = 0, \\ \sqrt{x}\ln x, & x > 0, \end{cases}$ $F(x) = \displaystyle\int_{-1}^{x} f(t)\,dt$,则 $F'(0)($ 　　$)$

（A）不存在. 　　　　（B）等于 1. 　　　　（C）等于 0. 　　　　（D）等于 2.

【答案】 C

【分析】 由于

$$\lim_{x \to 0^-} f(x) = \lim_{x \to 0^-} \frac{e^{\frac{1}{x}}}{x^2} \xrightarrow{\frac{1}{x} = -t} \lim_{t \to +\infty} \frac{e^{-t}}{\frac{1}{t^2}} = \lim_{t \to +\infty} \frac{t^2}{e^t} = 0,$$

$$\lim_{x \to 0^+} f(x) = \lim_{x \to 0^+} \sqrt{x}\ln x = 0,$$

则 $F(x) = \displaystyle\int_{-1}^{x} f(t)\,dt$ 在 $x = 0$ 处可导,且

$$F'(0) = \lim_{x \to 0} f(x) = 0.$$

故应选(C).

【注】 本题中用到一个基本结论:
若 $f(x)$ 在 $x \neq x_0$ 处连续,$x = x_0$ 为 $f(x)$ 的可去间断点,则 $F(x)$ 在 $x = x_0$ 处可导,且

$$F'(x_0) = \lim_{x \to x_0} f(x).$$

例 8 设 $f(x) = \begin{cases} e^x + x^2, & x < 0, \\ a, & x = 0, \\ x^2 + b, & x > 0, \end{cases}$ $F(x) = \displaystyle\int_{-1}^{x} f(t)\,dt$,则下列结论正确的是(　　)

(A) $F(x)$ 是 $f(x)$ 的原函数.

(B) $F(x)$ 在 $x = 0$ 处连续但不可导.

(C) 若 $a = b$,则 $F(x)$ 在 $x = 0$ 处可导.

(D) 若 $b = 1$,则 $F(x)$ 在 $x = 0$ 处可导.

【答案】　D

例 9　(2007 年 1,2,3) 如图,连续函数 $y = f(x)$ 在区间 $[-3,-2]$,$[2,3]$ 上的图形分别是直径为 1 的上、下半圆周,在区间 $[-2,0]$,$[0,2]$ 的图形分别是直径为 2 的下、上半圆周. 设 $F(x) = \int_0^x f(t)\mathrm{d}t$,则下列结论正确的是(　　)

(A)$F(3) = -\dfrac{3}{4}F(-2)$.

(B)$F(3) = \dfrac{5}{4}F(2)$.

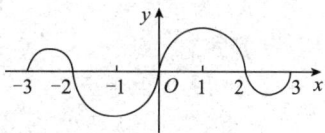

(C)$F(-3) = \dfrac{3}{4}F(2)$.

(D)$F(-3) = -\dfrac{5}{4}F(-2)$.

【答案】　C

例 10　设 $F(x) = \int_0^x (2t-x)f(t)\mathrm{d}t$,$f(x)$ 可导,且 $f'(x) > 0$,则(　　)

(A)$F(0)$ 是 $F(x)$ 的极大值.

(B)$F(0)$ 是 $F(x)$ 的极小值.

(C)$F(0)$ 不是 $F(x)$ 的极值,点 $(0,F(0))$ 是曲线 $y = F(x)$ 的拐点.

(D)$F(0)$ 不是 $F(x)$ 的极值,点 $(0,F(0))$ 也不是曲线 $y = F(x)$ 的拐点.

【答案】 C

【分析一】 直接法

$$F(x) = 2\int_0^x tf(t)\mathrm{d}t - x\int_0^x f(t)\mathrm{d}t,$$

$$F'(x) = 2xf(x) - xf(x) - \int_0^x f(t)\mathrm{d}t = xf(x) - \int_0^x f(t)\mathrm{d}t,$$

$$F''(x) = f(x) + xf'(x) - f(x) = xf'(x),$$

$$F''(0) = 0.$$

当 $x < 0$ 时,$F''(x) < 0$;当 $x > 0$ 时,$F''(x) > 0$,则 $(0, F(0))$ 为曲线 $y = F(x)$ 的拐点. 故应选(C).

【分析二】 排除法

令 $f(x) = x$,则 $f'(x) = 1 > 0$.

$$F(x) = \int_0^x (2t - x)t\mathrm{d}t = \frac{2}{3}x^3 - \frac{x^3}{2} = \frac{1}{6}x^3.$$

排除(A)(B)(D),故应选(C).

例11 (1997年1,2) 设 $F(x) = \displaystyle\int_x^{x+2\pi} \mathrm{e}^{\sin t}\sin t\mathrm{d}t$,则 $F(x)$(   )

(A) 为正常数.　　(B) 为负常数.　　(C) 恒为零.　　(D) 不为常数.

【答案】 A

【分析】 由于 $F'(x) = \mathrm{e}^{\sin(x+2\pi)}\sin(x+2\pi) - \mathrm{e}^{\sin x}\sin x \equiv 0$,则 $F(x)$ 为常数.

或由 $\mathrm{e}^{\sin t}\sin t$ 是以 2π 为周期的函数,则

$$F(x) = \int_x^{x+2\pi} \mathrm{e}^{\sin t}\sin t\mathrm{d}t = \int_0^{2\pi} \mathrm{e}^{\sin t}\sin t\mathrm{d}t.$$

从而 $F(x)$ 为常数.

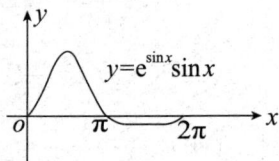

$y = \mathrm{e}^{\sin x}\sin x$ 如右图,由定积分几何意义知

$$\int_0^{2\pi} \mathrm{e}^{\sin t}\sin t\mathrm{d}t > 0.$$

故选(A).

例12 (2012年1,2) 设 $I_k = \displaystyle\int_0^{k\pi} \mathrm{e}^{x^2}\sin x\mathrm{d}x (k = 1, 2, 3)$,则有(   )

(A)$I_1 < I_2 < I_3$.　　(B)$I_3 < I_2 < I_1$.　　(C)$I_2 < I_3 < I_1$.　　(D)$I_2 < I_1 < I_3$.

思考 & 笔记

【答案】 D

练习题

1. (1991 年 3) 设函数 $f(x) = \begin{cases} x^2, & 0 \leqslant x \leqslant 1, \\ 2-x, & 1 < x \leqslant 2, \end{cases}$ 记 $F(x) = \int_0^x f(t)\mathrm{d}t, 0 \leqslant x \leqslant 2$,则有（　　）

(A) $F(x) = \begin{cases} \dfrac{x^3}{3}, & 0 \leqslant x \leqslant 1, \\ \dfrac{1}{3} + 2x - \dfrac{x^2}{2}, & 1 < x \leqslant 2. \end{cases}$

(B) $F(x) = \begin{cases} \dfrac{x^3}{3}, & 0 \leqslant x \leqslant 1, \\ -\dfrac{7}{6} + 2x - \dfrac{x^2}{2}, & 1 < x \leqslant 2. \end{cases}$

(C) $F(x) = \begin{cases} \dfrac{x^3}{3}, & 0 \leqslant x \leqslant 1, \\ \dfrac{x^3}{3} + 2x - \dfrac{x^2}{2}, & 1 < x \leqslant 2. \end{cases}$

(D) $F(x) = \begin{cases} \dfrac{x^3}{3}, & 0 \leqslant x \leqslant 1, \\ 2x - \dfrac{x^2}{2}, & 1 < x \leqslant 2. \end{cases}$

2. 设函数 $f(x)$ 在区间 $[-1,1]$ 上连续,则 $x = 0$ 是函数 $g(x) = \dfrac{\displaystyle\int_0^x tf(t-x)\mathrm{d}t}{x^2}$ 的（　　）

(A) 可去间断点.　　(B) 跳跃间断点.　　(C) 无穷间断点.　　(D) 振荡间断点.

3. 设 $f(x) = \lim\limits_{n \to \infty} \dfrac{x(\mathrm{e}^{nx}-1)}{\mathrm{e}^{nx}+1}$,则 $F(x) = \int_0^x f(t)\mathrm{d}t$ 为（　　）

(A) 可导的偶函数.　　　　　　　　(B) 可导的奇函数.

(C) 连续但不可导的偶函数.　　　　(D) 连续但不可导的奇函数.

4. (1994 年 4) 设函数 $f(x)$ 在闭区间 $[a,b]$ 上连续,且 $f(x) > 0$,则方程

$$\int_a^x f(t)\mathrm{d}t + \int_b^x \frac{1}{f(t)}\mathrm{d}t = 0$$

在开区间 (a,b) 内的根有（　　）

(A) 0 个.　　　　(B) 1 个.　　　　(C) 2 个.　　　　(D) 无穷多个.

5. (2009 年 3) 使不等式 $\int_1^x \dfrac{\sin t}{t} dt > \ln x$ 成立的 x 的范围是（　　）

(A) $(0,1)$. 　　　　(B) $\left(1, \dfrac{\pi}{2}\right)$. 　　　　(C) $\left(\dfrac{\pi}{2}, \pi\right)$. 　　　　(D) $(\pi, +\infty)$.

6. (2015 年 2) 设函数 $f(x)$ 连续，$\varphi(x) = \int_0^{x^2} x f(t) dt$，若 $\varphi(1) = 1, \varphi'(1) = 5$，则 $f(1) =$ _____.

7. (2010 年 3) 设可导函数 $y = y(x)$ 由方程 $\int_0^{x+y} e^{-t^2} dt = \int_0^x x \sin t^2 dt$ 确定，则 $\left. \dfrac{dy}{dx} \right|_{x=0} =$ _____.

8. 设 $f(x) = \int_1^x \dfrac{\ln t}{1+t} dt$，其中 $x > 0$，则 $f(x) + f\left(\dfrac{1}{x}\right) =$ _____.

答　案

1. B；　2. A；　3. B；　4. B；　5. A；　6. 2；　7. -1；　8. $\dfrac{\ln^2 x}{2}$.

三、反常积分敛散性

常用方法

1. 定义

$$\int_a^{+\infty} f(x) dx = \lim_{t \to +\infty} \int_a^t f(x) dx;$$

$$\int_a^b f(x) dx = \lim_{t \to a^+} \int_t^b f(x) dx.$$

2. 比较法

3. p 积分

$$\int_a^{+\infty} \frac{1}{x^p} dx \begin{cases} p > 1 & 收敛 \\ p \leqslant 1 & 发散 \end{cases} (a > 0),$$

$$\int_a^b \frac{1}{(x-a)^p} dx \begin{cases} p < 1 & 收敛 \\ p \geqslant 1 & 发散 \end{cases},$$

$$\int_a^b \frac{1}{(b-x)^p} dx \begin{cases} p < 1 & 收敛 \\ p \geqslant 1 & 发散 \end{cases}.$$

例 1 （2018 年 2,3）下列反常积分中发散的是（　　）

(A) $\int_0^{+\infty} x\mathrm{e}^{-x}\mathrm{d}x.$　　　　(B) $\int_0^{+\infty} x\mathrm{e}^{-x^2}\mathrm{d}x.$

(C) $\int_0^{+\infty} \dfrac{\arctan x}{1+x^2}\mathrm{d}x.$　　　　(D) $\int_0^{+\infty} \dfrac{x}{1+x^2}\mathrm{d}x.$

【答案】　D

【分析一】　**直接法**

$$\int_0^{+\infty} \frac{x}{1+x^2}\mathrm{d}x = \frac{1}{2}\ln(1+x^2)\Big|_0^{+\infty} = +\infty,$$

则 $\int_0^{+\infty} \dfrac{x}{1+x^2}$ 发散，故选(D).

【分析二】　**排除法**

$$\int_0^{+\infty} x\mathrm{e}^{-x}\mathrm{d}x = -\int_0^{+\infty} x\mathrm{d}\mathrm{e}^{-x} = -x\mathrm{e}^{-x}\Big|_0^{+\infty} + \int_0^{+\infty} \mathrm{e}^{-x}\mathrm{d}x$$
$$= -\mathrm{e}^{-x}\Big|_0^{+\infty} = 1,$$

则 $\int_0^{+\infty} x\mathrm{e}^{-x}\mathrm{d}x$ 收敛.

$$\int_0^{+\infty} x\mathrm{e}^{-x^2}\mathrm{d}x = -\frac{1}{2}\mathrm{e}^{-x^2}\Big|_0^{+\infty} = \frac{1}{2},$$

则 $\int_0^{+\infty} x\mathrm{e}^{-x^2}\mathrm{d}x$ 收敛.

$$\int_0^{+\infty} \frac{\arctan x}{1+x^2}\mathrm{d}x = \frac{1}{2}(\arctan x)^2\Big|_0^{+\infty} = \frac{\pi^2}{8},$$

则 $\int_0^{+\infty} \dfrac{\arctan x}{1+x^2}\mathrm{d}x$ 收敛，故应选(D).

例 2　下列积分收敛的是（　　）

(A) $\int_{-\infty}^{+\infty} \dfrac{x}{1+x^2}\mathrm{d}x.$　　　　(B) $\int_0^1 \ln(1-x^2)\mathrm{d}x.$

(C) $\int_0^{+\infty} \dfrac{\mathrm{d}x}{1+x|\sin x|}.$　　　　(D) $\int_1^{+\infty} \dfrac{x\mathrm{d}x}{\ln^2 x}.$

【答案】　B

【分析一】　**直接法**

$$\int_0^1 \ln(1-x^2)\mathrm{d}x = \int_0^1 \ln(1+x)\mathrm{d}x + \int_0^1 \ln(1-x)\mathrm{d}x.$$

$\int_0^1 \ln(1+x)\mathrm{d}x$ 为普通定积分，$\int_0^1 \ln(1-x)\mathrm{d}x$ 为反常积分，$x=1$ 为无界点. 由于

$$\lim_{x\to1^-} \frac{\ln(1-x)}{\dfrac{1}{\sqrt{1-x}}} = \lim_{x\to1^-} \sqrt{1-x}\ln(1-x) = 0.$$

又 $\int_0^1 \dfrac{\mathrm{d}x}{\sqrt{1-x}}$ 收敛，则 $\int_0^1 \ln(1-x)\mathrm{d}x$ 收敛，则 $\int_0^1 \ln(1-x^2)\mathrm{d}x$ 收敛，故应选(B).

[分析二] 排除法

当 $x \geqslant 1$ 时，$\dfrac{x}{1+x^2} \geqslant \dfrac{x}{2x^2} = \dfrac{1}{2x}$，又 $\displaystyle\int_1^{+\infty} \dfrac{1}{2x}\mathrm{d}x$ 发散，则 $\displaystyle\int_{-\infty}^{+\infty} \dfrac{x}{1+x^2}\mathrm{d}x$ 发散.

或者 $\displaystyle\int_0^{+\infty} \dfrac{x}{1+x^2}\mathrm{d}x = \dfrac{1}{2}\ln(1+x^2)\Big|_0^{+\infty} = +\infty$，则 $\displaystyle\int_0^{+\infty} \dfrac{x}{1+x^2}\mathrm{d}x$ 发散，从而 $\displaystyle\int_{-\infty}^{+\infty} \dfrac{x}{1+x^2}\mathrm{d}x$ 也发散.

由于当 $x \geqslant 0$ 时，$\dfrac{1}{1+x\,|\sin x|} \geqslant \dfrac{1}{1+x}$，而 $\displaystyle\int_0^{+\infty} \dfrac{1}{1+x}\mathrm{d}x$ 发散，则 $\displaystyle\int_0^{+\infty} \dfrac{\mathrm{d}x}{1+x\,|\sin x|}$ 发散.

$$\int_1^{+\infty} \frac{x}{\ln^2 x}\mathrm{d}x = \int_1^2 \frac{x}{\ln^2 x}\mathrm{d}x + \int_2^{+\infty} \frac{x}{\ln^2 x}\mathrm{d}x.$$

当 $x \geqslant 2$ 时，$\ln^2 x \leqslant x^2$，则

$$\frac{x}{\ln^2 x} \geqslant \frac{x}{x^2} = \frac{1}{x},$$

且 $\displaystyle\int_2^{+\infty} \dfrac{\mathrm{d}x}{x}$ 发散，则 $\displaystyle\int_1^{+\infty} \dfrac{x}{\ln^2 x}\mathrm{d}x$ 发散，故应选(B).

例 3 （2013 年 2）设函数 $f(x) = \begin{cases} \dfrac{1}{(x-1)^{\alpha-1}}, & 1 < x < \mathrm{e}, \\[2mm] \dfrac{1}{x\,\ln^{\alpha+1}x}, & x \geqslant \mathrm{e}. \end{cases}$ 若反常积分 $\displaystyle\int_1^{+\infty} f(x)\mathrm{d}x$

收敛，则( )

(A)$\alpha < -2$. (B)$\alpha > 2$. (C)$-2 < \alpha < 0$. (D)$0 < \alpha < 2$.

┌─ 思 考 & 笔 记 ─────────────────────────┐

[答案] D

└──────────────────────────────────────┘

例 4 反常积分 $\displaystyle\int_0^{+\infty} \dfrac{\arctan^\beta x}{x^\alpha \sqrt{1+x}}\mathrm{d}x$ （$\alpha > 0$）收敛的充要条件是( )

(A) $\dfrac{1}{2} < \alpha < 1$. (B)$\alpha > \dfrac{1}{2}$，$\alpha - \beta < 1$.

(C)$\alpha > 1$，$\alpha - \beta < 1$. (D)$\alpha > 1$，$\alpha - \beta < 2$.

[答案] B

[分析] $\displaystyle\int_0^{+\infty} \dfrac{\arctan^\beta x}{x^\alpha \sqrt{1+x}}\mathrm{d}x = \int_0^1 \dfrac{\arctan^\beta x}{x^\alpha \sqrt{1+x}}\mathrm{d}x + \int_1^{+\infty} \dfrac{\arctan^\beta x}{x^\alpha \sqrt{1+x}}\mathrm{d}x.$

由于 $\lim\limits_{x\to 0^+}\dfrac{\dfrac{\arctan^\beta x}{x^\alpha\sqrt{1+x}}}{\dfrac{1}{x^{\alpha-\beta}}}=1$，则 $\displaystyle\int_0^1\dfrac{\arctan^\beta x}{x^\alpha\sqrt{1+x}}\mathrm{d}x$ 与 $\displaystyle\int_0^1\dfrac{\mathrm{d}x}{x^{\alpha-\beta}}$ 同敛散，而 $\displaystyle\int_0^1\dfrac{1}{x^{\alpha-\beta}}\mathrm{d}x$ 收敛当且仅当

$\alpha-\beta<1$. 又

$$\lim_{x\to+\infty}\dfrac{\dfrac{\arctan^\beta x}{x^\alpha\sqrt{1+x}}}{\dfrac{1}{x^{\alpha+\frac12}}}=\left(\dfrac{\pi}{2}\right)^\beta\neq 0,$$

则 $\displaystyle\int_1^{+\infty}\dfrac{\arctan^\beta x}{x^\alpha\sqrt{1+x}}\mathrm{d}x$ 与 $\displaystyle\int_1^{+\infty}\dfrac{\mathrm{d}x}{x^{\alpha+\frac12}}$ 同敛散. 而 $\displaystyle\int_1^{+\infty}\dfrac{\mathrm{d}x}{x^{\alpha+\frac12}}$ 当且仅当 $\alpha+\dfrac12>1$，即 $\alpha>\dfrac12$ 时收敛.

故选(B).

例 5　（2022 年 2）设 p 为常数，若反常积分 $\displaystyle\int_0^1\dfrac{\ln x}{x^p(1-x)^{1-p}}\mathrm{d}x$ 收敛，则 p 的取值范围是(　　)

(A)$(-1,1)$.　　(B)$(-1,2)$.　　(C)$(-\infty,1)$.　　(D)$(-\infty,2)$.

【答案】　A

【分析一】　**直接法**

$$\int_0^1\dfrac{\ln x}{x^p(1-x)^{1-p}}\mathrm{d}x=\int_0^{\frac12}\dfrac{\ln x}{x^p(1-x)^{1-p}}\mathrm{d}x+\int_{\frac12}^1\dfrac{\ln x}{x^p(1-x)^{1-p}}\mathrm{d}x.$$

$\displaystyle\int_0^{\frac12}\dfrac{\ln x}{x^p(1-x)^{1-p}}\mathrm{d}x$ 与 $\displaystyle\int_0^{\frac12}\dfrac{\ln x}{x^p}\mathrm{d}x$ 同敛散.

当 $p\geqslant 1$ 时，$\displaystyle\int_0^{\frac12}\dfrac{1}{x^p}\mathrm{d}x$ 发散，$\displaystyle\int_0^{\frac12}\dfrac{\ln 2}{x^p}\mathrm{d}x$ 发散，且

$$\dfrac{\ln 2}{x^p}\leqslant\dfrac{-\ln x}{x^p},x\in\left(0,\dfrac12\right],$$

则 $\displaystyle\int_0^{\frac12}\dfrac{\ln x}{x^p}\mathrm{d}x$ 发散.

当 $p<1$ 时，$\displaystyle\int_0^{\frac12}\dfrac{1}{x^p}\mathrm{d}x$ 收敛. 且存在 $\delta>0$，使 $p+\delta<1$，

$$\dfrac{-\ln x}{x^p}=\dfrac{1}{x^{p+\delta}}\cdot(-x^\delta\ln x),$$
$$\lim_{x\to 0^+}x^\delta\ln x=0,$$

则 $0<\dfrac{-\ln x}{x^p}<\dfrac{1}{x^{p+\delta}}$，由于 $\displaystyle\int_0^{\frac12}\dfrac{1}{x^{p+\delta}}\mathrm{d}x$ 收敛，则 $\displaystyle\int_0^{\frac12}\dfrac{\ln x}{x^p}\mathrm{d}x$ 收敛.

当 $x\to 1^-$ 时，$\ln x=\ln[1+(x-1)]\sim x-1$. 则 $\displaystyle\int_{\frac12}^1\dfrac{\ln x}{x^p(1-x)^{1-p}}\mathrm{d}x$ 与 $\displaystyle\int_{\frac12}^1\dfrac{x-1}{(1-x)^{1-p}}\mathrm{d}x$

同敛散. 又

$$\int_{\frac12}^1\dfrac{x-1}{(1-x)^{1-p}}\mathrm{d}x=\int_{\frac12}^1\dfrac{-1}{(1-x)^{-p}}\mathrm{d}x.$$

当且仅当 $-p<1$，即 $p>-1$ 时 $\displaystyle\int_{\frac12}^1\dfrac{\mathrm{d}x}{(1-x)^{-p}}$ 收敛.

由此可知,若 $\int_0^1 \dfrac{\ln x}{x^p(1-x)^{1-p}}\mathrm{d}x$ 收敛,则 $-1<p<1$,故选(A).

【分析二】 排除法

若 $p=1$,则

$$\int_0^1 \frac{\ln x}{x^p(1-x)^{1-p}}\mathrm{d}x=\int_0^1 \frac{\ln x}{x}\mathrm{d}x=\frac{1}{2}\ln^2 x\Big|_0^1=-\infty, 发散.$$

则排除(B)(D).

若 $p=-1$,则

$$\int_{\frac{1}{2}}^1 \frac{\ln x}{x^p(1-x)^{1-p}}\mathrm{d}x=\int_{\frac{1}{2}}^1 \frac{x\ln[1+(x-1)]}{(1-x)^2}\mathrm{d}x 与 \int_{\frac{1}{2}}^1 \frac{x-1}{(1-x)^2}\mathrm{d}x=-\int_{\frac{1}{2}}^1 \frac{\mathrm{d}x}{1-x} 同敛散.而$$

$\int_{\frac{1}{2}}^1 \dfrac{\mathrm{d}x}{1-x}$ 发散,则排除(C),故应选(A).

例 6 (2024 年 2)设非负函数 $f(x)$ 在 $[0,+\infty)$ 上连续,给出以下 3 个命题:

① 若 $\int_0^{+\infty} f^2(x)\mathrm{d}x$ 收敛,则 $\int_0^{+\infty} f(x)\mathrm{d}x$ 收敛;

② 若存在 $p>1$,使得 $\lim\limits_{x\to+\infty} x^p f(x)$ 存在,则 $\int_0^{+\infty} f(x)\mathrm{d}x$ 收敛;

③ 若 $\int_0^{+\infty} f(x)\mathrm{d}x$ 收敛,则存在 $p>1$,使得 $\lim\limits_{x\to+\infty} x^p f(x)$ 存在.

其中真命题个数为(   )

(A)0.   (B)1.   (C)2.   (D)3.

思 考 & 笔 记

.

【答案】 B

练习题

1. (2015 年 2)下列反常积分中收敛的是(   )

(A) $\int_2^{+\infty} \dfrac{1}{\sqrt{x}}\mathrm{d}x$.

(B) $\int_2^{+\infty} \dfrac{\ln x}{x}\mathrm{d}x$.

(C) $\int_2^{+\infty} \dfrac{1}{x\ln x}\mathrm{d}x$.

(D) $\int_2^{+\infty} \dfrac{x}{\mathrm{e}^x}\mathrm{d}x$.

2. 下列反常积分中收敛的是(　　)

(A) $\displaystyle\int_0^{+\infty} \frac{e^x}{\sqrt{x}}dx.$

(B) $\displaystyle\int_1^{+\infty} \frac{1}{x\ln^2 x}dx.$

(C) $\displaystyle\int_0^{+\infty} \frac{1}{(x+1)^2\ln(1+x)}dx.$

(D) $\displaystyle\int_0^{+\infty} x^{10}e^{-x^2}dx.$

3. (2016 年 1) 若反常积分 $\displaystyle\int_0^{+\infty} \frac{1}{x^a(1+x)^b}dx$ 收敛，则(　　)

(A) $a<1$ 且 $b>1$.

(B) $a>1$ 且 $b>1$.

(C) $a<1$ 且 $a+b>1$.

(D) $a>1$ 且 $a+b>1$.

4. 反常积分 $\displaystyle\int_0^{+\infty} \frac{\ln(1+x)}{x^a\left(2+\sin\dfrac{1}{x}\right)}dx\ (a>0)$ 收敛的充要条件是(　　)

(A) $\dfrac{1}{2}<a<1$.

(B) $a>\dfrac{1}{2}$.

(C) $a>1$.

(D) $1<a<2$.

答　案

1. D；　2. D；　3. C；　4. D.

四、不定积分、定积分、反常积分，面积、体积计算

常用方法

1. 不定积分和反常积分

(1) 换元法；　　　　　　　　　　(2) 分部积分法.

2. 定积分

(1) $\displaystyle\int_a^b f(x)dx = F(b)-F(a)$；　　(2) 换元法；

(3) 分部积分法；　　　　　　　　(4) 奇偶性，周期性；

(5) 利用公式

① $\displaystyle\int_0^{\frac{\pi}{2}} \sin^n x\,dx = \int_0^{\frac{\pi}{2}} \cos^n x\,dx = \begin{cases} \dfrac{n-1}{n}\dfrac{n-3}{n-2}\cdots\dfrac{1}{2}\dfrac{\pi}{2}, & n \text{ 为正偶数}, \\[2mm] \dfrac{n-1}{n}\dfrac{n-3}{n-2}\cdots\dfrac{2}{3}, & n \text{ 为大于 1 的正奇数}. \end{cases}$

② $\displaystyle\int_0^{\pi} xf(\sin x)dx = \frac{\pi}{2}\int_0^{\pi} f(\sin x)dx.$

3. 面积

$$A = \iint\limits_{D} \mathrm{d}\sigma.$$

4. 旋转体体积

$$V = 2\pi \iint\limits_{D} r(x,y)\mathrm{d}\sigma, \text{其中 } r(x,y) \text{ 为点} (x,y) \text{ 到直线 } L \text{ 的距离}.$$

例 1 (2018 年 3) $\int \mathrm{e}^x \arcsin \sqrt{1-\mathrm{e}^{2x}}\,\mathrm{d}x = $ _____ .

【答案】 $\mathrm{e}^x \arcsin \sqrt{1-\mathrm{e}^{2x}} - \sqrt{1-\mathrm{e}^{2x}} + C$, 其中 C 为任意常数

【分析】
$$\int \mathrm{e}^x \arcsin \sqrt{1-\mathrm{e}^{2x}}\,\mathrm{d}x = \int \arcsin \sqrt{1-\mathrm{e}^{2x}}\,\mathrm{d}\mathrm{e}^x$$
$$= \mathrm{e}^x \arcsin \sqrt{1-\mathrm{e}^{2x}} - \int \frac{\mathrm{e}^x \mathrm{d}\sqrt{1-\mathrm{e}^{2x}}}{\sqrt{1-(1-\mathrm{e}^{2x})}}$$
$$= \mathrm{e}^x \arcsin \sqrt{1-\mathrm{e}^{2x}} - \sqrt{1-\mathrm{e}^{2x}} + C, \text{其中 } C \text{ 为任意常数}.$$

例 2 (2012 年 1) $\int_0^2 x\sqrt{2x-x^2}\,\mathrm{d}x = $ _____ .

【答案】 $\dfrac{\pi}{2}$

【分析一】
$$\int_0^2 x\sqrt{2x-x^2}\,\mathrm{d}x = \int_0^2 x\sqrt{1-(x-1)^2}\,\mathrm{d}x$$
$$\xlongequal{x-1=\sin t} \int_{-\frac{\pi}{2}}^{\frac{\pi}{2}} (1+\sin t)\cos^2 t\,\mathrm{d}t$$
$$= 2\int_0^{\frac{\pi}{2}} \cos^2 t\,\mathrm{d}t = 2 \times \frac{1}{2} \times \frac{\pi}{2} = \frac{\pi}{2}.$$

【分析二】
$$\int_0^2 x\sqrt{2x-x^2}\,\mathrm{d}x = \int_0^2 [(x-1)+1]\sqrt{1-(x-1)^2}\,\mathrm{d}x$$
$$= \int_0^2 \sqrt{1-(x-1)^2}\,\mathrm{d}x = \frac{\pi}{2} \quad (\text{几何意义}).$$

例 3 (2001 年 2) $\int_{-\frac{\pi}{2}}^{\frac{\pi}{2}} (x^3 + \sin^2 x)\cos^2 x\,\mathrm{d}x = $ _____ .

【答案】 $\dfrac{\pi}{8}$

【分析】
$$原式 = \int_{-\frac{\pi}{2}}^{\frac{\pi}{2}} \sin^2 x \cos^2 x\,\mathrm{d}x$$
$$= 2\int_0^{\frac{\pi}{2}} \sin^2 x(1-\sin^2 x)\,\mathrm{d}x$$
$$= 2 \times \left(\frac{1}{2} \times \frac{\pi}{2} - \frac{3}{4} \times \frac{1}{2} \times \frac{\pi}{2} \right) = \frac{\pi}{8}.$$

例 4 (2017 年 3) $\int_{-\pi}^{\pi} (\sin^3 x + \sqrt{\pi^2 - x^2})\,\mathrm{d}x = $ _____ .

【答案】 $\dfrac{\pi^3}{2}$

【分析】
$$原式 = \int_{-\pi}^{\pi} \sqrt{\pi^2 - x^2}\,\mathrm{d}x$$

$$= 2 \int_0^\pi \sqrt{\pi^2 - x^2} \, dx = \frac{\pi^3}{2}.$$

例 5 （2010 年 1）$\int_0^{\pi^2} \sqrt{x} \cos \sqrt{x} \, dx = \underline{\hspace{2cm}}$.

【答案】　-4π

【分析】　原式$\xrightarrow{\sqrt{x}=t} 2 \int_0^\pi t^2 \cos t \, dt = 2 \int_0^\pi t^2 \, d\sin t$

$$= 2t^2 \sin t \Big|_0^\pi - 4 \int_0^\pi t \sin t \, dt$$

$$= (-4) \times \frac{\pi}{2} \times \int_0^\pi \sin t \, dt$$

$$= -4\pi.$$

例 6 （2022 年 1）$\int_1^{e^2} \frac{\ln x}{\sqrt{x}} \, dx = \underline{\hspace{2cm}}$.

【答案】　4

【分析】

$$\int_1^{e^2} \frac{\ln x}{\sqrt{x}} \, dx = 2 \int_1^{e^2} \ln x \, d\sqrt{x}$$

$$= 2\sqrt{x} \ln x \Big|_1^{e^2} - 2 \int_1^{e^2} \frac{dx}{\sqrt{x}}$$

$$= 4e - 4\sqrt{x} \Big|_1^{e^2} = 4.$$

例 7 设 $g(x)$ 是可微函数 $f(x)$ 的反函数，且 $f(2) = 0$，$\int_0^2 x f(x) \, dx = a$，则

$\int_0^2 \left[\int_0^{f(x)} g(t) \, dt \right] dx = ($ 　　$)$

(A) 0.　　　　　　(B) a.　　　　　　(C) $\frac{1}{2}a$.　　　　(D) $2a$.

【答案】　D

【分析一】　**直接法**

$$原式 = \left[x \int_0^{f(x)} g(t) \, dt \right] \Big|_0^2 - \int_0^2 x g[f(x)] f'(x) \, dx$$

$$= -\int_0^2 x^2 \, df(x)$$

$$= -x^2 f(x) \Big|_0^2 + 2 \int_0^2 x f(x) \, dx$$

$$= 2a.$$

【分析二】　**排除法**

令 $f(x) = x - 2$，则 $g(y) = y + 2$.

$$\int_0^2 x f(x) \, dx = \int_0^2 x(x-2) \, dx = -\frac{4}{3} = a,$$

$$\int_0^2 \left[\int_0^{f(x)} g(t) \, dt \right] dx = \int_0^2 \left[\int_0^{x-2} (t+2) \, dt \right] dx$$

$$= \int_0^2 \left(\frac{x^2}{2} - 2 \right) dx$$

$$= \frac{8}{6} - 4 = -\frac{8}{3}.$$

则排除(A)(B)(C),故应选(D).

例 8 (1997年3) 若 $f(x) = \frac{1}{1+x^2} + \sqrt{1-x^2} \int_0^1 f(x)dx$,则 $\int_0^1 f(x)dx =$ _____.

【答案】 $\dfrac{\pi}{4-\pi}$

【分析】 等式 $f(x) = \dfrac{1}{1+x^2} + \sqrt{1-x^2} \displaystyle\int_0^1 f(x)dx$ 两端从 0 到 1 积分得

$$\int_0^1 f(x)dx = \int_0^1 \frac{dx}{1+x^2} + \int_0^1 \sqrt{1-x^2}\, dx \cdot \int_0^1 f(x)dx$$

$$= \frac{\pi}{4} + \frac{\pi}{4} \int_0^1 f(x)dx,$$

则 $\displaystyle\int_0^1 f(x)dx = \frac{\pi}{4-\pi}$.

例 9 (2000年2) $\displaystyle\int_2^{+\infty} \frac{dx}{(x+7)\sqrt{x-2}} =$ _____.

【答案】 $\dfrac{\pi}{3}$

【分析】 原式 $= \displaystyle\int_2^{+\infty} \frac{2d\sqrt{x-2}}{9+(\sqrt{x-2})^2} = \left. \frac{2}{3}\arctan\frac{\sqrt{x-2}}{3} \right|_2^{+\infty}$

$$= \frac{2}{3} \times \left(\frac{\pi}{2} - 0 \right) = \frac{\pi}{3}.$$

例 10 (2013年1,2) $\displaystyle\int_1^{+\infty} \frac{\ln x}{(1+x)^2}dx =$ _____.

【答案】 $\ln 2$

【分析】 原式 $= -\displaystyle\int_1^{+\infty} \ln x\, d\frac{1}{1+x}$

$$= \left. -\frac{\ln x}{1+x} \right|_1^{+\infty} + \int_1^{+\infty} \frac{dx}{x(1+x)}$$

$$= \left. \ln\frac{x}{1+x} \right|_1^{+\infty}$$

$$= \ln 2.$$

例 11 设 $f(x) = \displaystyle\lim_{n\to\infty} \int_0^1 \frac{nt^{n-1}}{1+e^{xt}}dt$,则 $\displaystyle\int_0^{+\infty} f(x)dx =$ _____.

【答案】 $\ln 2$

【分析】 $\displaystyle\int_0^1 \frac{nt^{n-1}}{1+e^{xt}}dt = \int_0^1 \frac{dt^n}{1+e^{xt}}$

$$= \left. \frac{t^n}{1+e^{xt}} \right|_0^1 + \int_0^1 \frac{xe^{xt}t^n}{(1+e^{xt})^2}dt$$

$$= \frac{1}{1+e^x} + \frac{xe^{x\xi}}{(1+e^{x\xi})^2} \int_0^1 t^n dt$$

$$= \frac{1}{1+e^x} + \frac{xe^{x\xi}}{(1+e^{x\xi})^2} \cdot \frac{1}{n+1},$$

则 $f(x) = \dfrac{1}{1+e^x}$,

$$\int_0^{+\infty} f(x)dx = \int_0^{+\infty} \frac{dx}{1+e^x} = \int_0^{+\infty} \frac{-de^{-x}}{1+e^{-x}}$$

$$= -\ln(1+e^{-x}) \Big|_0^{+\infty} = \ln 2.$$

例 12　(2022 年 2) 已知曲线 L 的极坐标方程为 $r = \sin 3\theta \left(0 \leqslant \theta \leqslant \dfrac{\pi}{3}\right)$,则 L 围成的有界区域的面积为_____.

【答案】　$\dfrac{\pi}{12}$

【分析】　所求面积为 $S = \dfrac{1}{2}\displaystyle\int_0^{\frac{\pi}{3}} \sin^2 3\theta d\theta \xlongequal{3\theta = t} \dfrac{1}{6}\displaystyle\int_0^{\pi} \sin^2 t dt = \dfrac{1}{3}\displaystyle\int_0^{\frac{\pi}{2}} \sin^2 t dt$

$$= \frac{1}{3} \times \frac{1}{2} \times \frac{\pi}{2} = \frac{\pi}{12}.$$

例 13　(2020 年 3) 设平面区域 $D = \left\{(x,y) \Big| \dfrac{x}{2} \leqslant y \leqslant \dfrac{1}{1+x^2}, 0 \leqslant x \leqslant 1\right\}$,则 D 绕 y 轴旋转所成的旋转体的体积为_____.

【答案】　$\pi\left(\ln 2 - \dfrac{1}{3}\right)$

【分析】　平面域 D 如右图.

$$V = 2\pi \iint\limits_D x d\sigma$$

$$= 2\pi \int_0^1 dx \int_{\frac{x}{2}}^{\frac{1}{1+x^2}} x dy$$

$$= 2\pi \int_0^1 \left(\frac{x}{1+x^2} - \frac{x^2}{2}\right)dx$$

$$= 2\pi \left[\frac{1}{2}\ln(1+x^2) - \frac{x^3}{6}\right]\Big|_0^1$$

$$= \pi\left(\ln 2 - \frac{1}{3}\right).$$

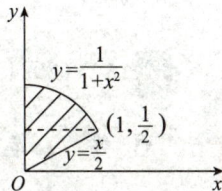

例 14　(2021 年 3) 设平面域 D 由曲线 $y = \sqrt{x}\sin \pi x (0 \leqslant x \leqslant 1)$ 与 x 轴围成,则 D 绕 x 轴旋转所成旋转体的体积为_____.

【答案】　$\dfrac{\pi}{4}$

【分析】

$$V = \pi \int_0^1 (\sqrt{x}\sin \pi x)^2 dx = \pi \int_0^1 x\sin^2 \pi x dx$$

$$\xlongequal{\pi x = t} \frac{1}{\pi} \int_0^{\pi} t\sin^2 t dt$$

$$= \frac{1}{2} \int_0^{\pi} \sin^2 t dt$$

$$= \int_0^{\frac{\pi}{2}} \sin^2 t \, dt = \frac{1}{2} \times \frac{\pi}{2} = \frac{\pi}{4}.$$

例 15 (2023 年 1,2) 设连续函数 $f(x)$ 满足 $f(x+2) - f(x) = x, \int_0^2 f(x) \, dx = 0$,则 $\int_1^3 f(x) \, dx = \underline{\hspace{2cm}}$.

【答案】 $\dfrac{1}{2}$

【分析一】
$$\int_1^3 f(x) \, dx = \int_1^2 f(x) \, dx + \int_2^3 f(x) \, dx,$$

$$\int_2^3 f(x) \, dx \xlongequal{x = t+2} \int_0^1 f(t+2) \, dt = \int_0^1 f(x+2) \, dx$$

$$= \int_0^1 [f(x) + x] \, dx = \int_0^1 f(x) \, dx + \frac{1}{2},$$

$$\int_1^3 f(x) \, dx = \int_1^2 f(x) \, dx + \int_0^1 f(x) \, dx + \frac{1}{2} = \frac{1}{2}.$$

【分析二】 令 $F(x) = \int_x^{x+2} f(t) \, dt$,则 $F'(x) = f(x+2) - f(x) = x$,

故
$$F(x) = \frac{1}{2} x^2 + C.$$

又
$$F(0) = \int_0^2 f(x) \, dx = 0, F(x) = \frac{1}{2} x^2.$$

所以
$$\int_1^3 f(x) \, dx = F(1) = \frac{1}{2}.$$

例 16 (2024 年 3) $\int_2^{+\infty} \dfrac{5}{x^4 + 3x^2 - 4} \, dx = \underline{\hspace{2cm}}$.

思考 & 笔记

【答案】 $\dfrac{1}{2} \ln 3 - \dfrac{\pi}{8}$

例 17 (数三不要求)(2025 年 2) 设单位质点 P, Q 分别位于点 $(0,0)$ 和 $(0,1)$ 处,P 从点 $(0,0)$ 出发沿 x 轴正向移动,记 G 为引力常数,则当点 P 移动到点 $(l,0)$ 时,克服质点 Q 的引力所做的功为( )

(A) $\int_0^l \dfrac{G}{x^2+1} \, dx$.

(B) $\int_0^l \dfrac{Gx}{(x^2+1)^{\frac{3}{2}}} \, dx$.

(C) $\int_0^l \dfrac{G}{(x^2+1)^{\frac{3}{2}}} \mathrm{d}x.$ (D) $\int_0^l \dfrac{G(x+1)}{(x^2+1)^{\frac{3}{2}}} \mathrm{d}x.$

【答案】 B

【分析】 设质点 P 移动到点 $(x,0)(0 \leqslant x \leqslant l)$ 所受质点 Q 的引力为 $\boldsymbol{F}(x)$，则

$$|\boldsymbol{F}(x)| = \frac{G}{x^2+1},$$

该力在 x 轴方向的分力大小为

$$|\boldsymbol{F}_x(x)| = \frac{G}{x^2+1} \cdot \frac{x}{\sqrt{x^2+1}} = \frac{Gx}{(x^2+1)^{\frac{3}{2}}}.$$

则当点 P 移动到点 $(l,0)$ 时，克服质点 Q 的引力所做的功为

$$W = \int_0^l \frac{Gx}{(x^2+1)^{\frac{3}{2}}} \mathrm{d}x.$$

故应选(B).

练习题

1. (2000 年 1) $\int_0^1 \sqrt{2x-x^2}\, \mathrm{d}x = $ _____.

2. $\int_0^2 (x\sqrt{x^2-2x+1} + \sqrt{2x-x^2})\, \mathrm{d}x = $ _____.

3. $\int_0^\pi \sqrt{1-\sin x}\, \mathrm{d}x = $ _____.

4. (2020 年 2) $\int_0^1 \dfrac{\arcsin \sqrt{x}}{\sqrt{x(1-x)}} \mathrm{d}x = ($ $)$

(A) $\dfrac{\pi^2}{4}.$ (B) $\dfrac{\pi^2}{8}.$ (C) $\dfrac{\pi}{4}.$ (D) $\dfrac{\pi}{8}.$

5. $\int_{-1}^1 \dfrac{x+x^2}{\sqrt{1+x^2}} \mathrm{d}x = ($ $)$

(A) $\dfrac{\sqrt{2}}{3}.$ (B) $\dfrac{2}{3}.$ (C) $\dfrac{1}{3}\ln(1+\sqrt{2}).$ (D) $[\sqrt{2}-\ln(1+\sqrt{2})].$

6. $\displaystyle\int_0^1 \dfrac{\mathrm{d}x}{x+\sqrt{1-x^2}} =$ _____.

7. 已知 $f''(x)$ 连续,且 $f'(0)=f'(\pi)$,$\displaystyle\int_0^\pi [f(x)+f''(x)]\cos x\,\mathrm{d}x=2$,则 $f'(0)=$ _____.

8. (2021 年 3) $\displaystyle\int_{\sqrt{5}}^5 \dfrac{x}{\sqrt{|x^2-9|}}\mathrm{d}x =$ _____.

9. 设函数 $f(x)$ 可导,且 $f(0)=1,f'(\ln x)=\begin{cases}1, & 0<x\leqslant 1,\\ \sqrt[3]{x}, & x>1,\end{cases}$ 则 $f(x)=$ _____.

10. 曲线 $x=y^2$ 与直线 $x=y+2$ 围成图形绕 x 轴旋转一周所得旋转体体积为_____.

11. 曲线 $\sqrt{x}+\sqrt{y}=1$ 与直线 $x+y=1$ 所围区域绕该直线旋转所得旋转体体积为_____.

答　案

1. $\dfrac{\pi}{4}$; 　2. $1+\dfrac{\pi}{2}$; 　3. $4(\sqrt{2}-1)$; 　4. A; 　5. D; 　6. $\dfrac{\pi}{4}$; 　7. -1; 　8. 6;

9. $\begin{cases}x+1, & x\leqslant 0,\\ 3\mathrm{e}^{\frac{x}{3}}-2, & x>0;\end{cases}$ 　10. $\dfrac{16\pi}{3}$; 　11. $\dfrac{\sqrt{2}\pi}{15}$.

第四章 微分方程

一、一阶方程

常用结论

1. 可分离变量的方程

$$\frac{\mathrm{d}y}{\mathrm{d}x} = f(x)g(y).$$

$$\int \frac{\mathrm{d}y}{g(y)} = \int f(x)\mathrm{d}x.$$

2. 齐次方程

$$\frac{\mathrm{d}y}{\mathrm{d}x} = \varphi\left(\frac{y}{x}\right) \qquad 令 u = \frac{y}{x}.$$

3. 线性方程

$$y' + p(x)y = q(x), y = \mathrm{e}^{-\int p(x)\mathrm{d}x}\left[\int q(x)\mathrm{e}^{\int p(x)\mathrm{d}x}\mathrm{d}x + C\right].$$

例 1 (2012 年 2)微分方程 $y\mathrm{d}x + (x - 3y^2)\mathrm{d}y = 0$ 满足条件 $y\big|_{x=1} = 1$ 的解为 $y =$ _____.

【答案】 $\sqrt{x}$

【分析一】 将原方程变形为 $\frac{\mathrm{d}x}{\mathrm{d}y} + \frac{x}{y} = 3y$,这是一阶线性方程,其通解为

$$x = \mathrm{e}^{-\int \frac{1}{y}\mathrm{d}y}\left(\int 3y\mathrm{e}^{\int \frac{1}{y}\mathrm{d}y}\mathrm{d}y + C\right)$$

$$= \frac{1}{y}\left(\int 3y^2\mathrm{d}y + C\right)$$

$$= y^2 + \frac{C}{y}.$$

将 $y\big|_{x=1} = 1$ 代入上式得 $C = 0$,于是 $x = y^2$,即 $y = \pm\sqrt{x}$,又 $y\big|_{x=1} = 1$,则 $y = \sqrt{x}$.

【分析二】 由方程 $y\mathrm{d}x + (x - 3y^2)\mathrm{d}y = 0$ 知

$$(y\mathrm{d}x + x\mathrm{d}y) - \mathrm{d}y^3 = 0,$$

$$\mathrm{d}(xy) - \mathrm{d}y^3 = 0.$$

原方程的通解为 $xy - y^3 = C$.

由 $y\big|_{x=1} = 1$ 知,$C = 0$,则所求解为 $y = \sqrt{x}$.

例 2 (2014 年 1) 微分方程 $xy' + y(\ln x - \ln y) = 0$ 满足条件 $y(1) = e^3$ 的解为 $y = $ _____.

【答案】 $x e^{2x+1}$

【分析】 原方程变形得 $y' - \dfrac{y}{x} \ln \dfrac{y}{x} = 0$, 令 $\dfrac{y}{x} = u$, 则原方程化为

$$u + x u' = u \ln u,$$

则 $\displaystyle\int \dfrac{\mathrm{d}u}{u(\ln u - 1)} = \int \dfrac{\mathrm{d}x}{x}$.

解得 $\ln u - 1 = Cx$, 即 $y = x e^{Cx+1}$.

由 $y(1) = e^3$ 得 $C = 2$, 所以 $y = x e^{2x+1}$.

例 3 (2019 年 1) 微分方程 $2yy' - y^2 - 2 = 0$ 满足条件 $y(0) = 1$ 的特解 $y = $ _____.

【答案】 $\sqrt{3e^x - 2}$

【分析】 原方程变形得 $(y^2)' - y^2 = 2$, 令 $y^2 = u$, 则

$$\frac{\mathrm{d}u}{\mathrm{d}x} - u = 2,$$

$$u = e^{-\int -\mathrm{d}x}\left(\int 2 e^{\int -\mathrm{d}x}\,\mathrm{d}x + C\right) = e^x(-2e^{-x} + C) = Ce^x - 2.$$

由 $y(0) = 1$ 知, $1 = C - 2$, 则 $C = 3$, 则 $u = 3e^x - 2$, $y = \sqrt{3e^x - 2}$.

例 4 (2010 年 2,3) 设 y_1, y_2 是一阶线性非齐次微分方程 $y' + p(x)y = q(x)$ 的两个特解, 若常数 λ, μ 使 $\lambda y_1 + \mu y_2$ 是该方程的解, $\lambda y_1 - \mu y_2$ 是该方程对应的齐次方程的解, 则（　　）

(A)$\lambda = \dfrac{1}{2}, \mu = \dfrac{1}{2}$. 　　　　　　(B)$\lambda = -\dfrac{1}{2}, \mu = -\dfrac{1}{2}$.

(C)$\lambda = \dfrac{2}{3}, \mu = \dfrac{1}{3}$. 　　　　　　(D)$\lambda = \dfrac{2}{3}, \mu = \dfrac{2}{3}$.

【答案】 A

【分析】 将 $\lambda y_1 + \mu y_2$ 代入方程 $y' + p(x)y = q(x)$ 得

$$\lambda[y_1' + p(x)y_1] + \mu[y_2' + p(x)y_2] = q(x).$$

由题设知

$$y_1' + p(x)y_1 = q(x), \quad y_2' + p(x)y_2 = q(x).$$

从而有 $\lambda + \mu = 1$.

类似地, 将 $\lambda y_1 - \mu y_2$ 代入方程 $y' + p(x)y = 0$ 得 $\lambda - \mu = 0$.

解得 $\lambda = \mu = \dfrac{1}{2}$, 故选(A).

【注】 由本题知, 若 $\lambda y_1 + \mu y_2$ 是非齐次方程 $y' + p(x)y = q(x)$ 的解, 则 $\lambda + \mu = 1$; 若 $\lambda y_1 - \mu y_2$ 是齐次方程 $y' + p(x)y = 0$ 的解, 则 $\lambda = \mu$.

例 5 （2016 年 1）若 $y = (1+x^2)^2 - \sqrt{1+x^2}, y = (1+x^2)^2 + \sqrt{1+x^2}$ 是微分方程 $y' + p(x)y = q(x)$ 的两个解，则 $q(x) = (\quad)$

(A)$3x(1+x^2)$. 　　(B)$-3x(1+x^2)$. 　　(C)$\dfrac{x}{1+x^2}$. 　　(D)$-\dfrac{x}{1+x^2}$.

【答案】　A

【分析】　由题设及线性方程解的叠加原理知 $y = \sqrt{1+x^2}$ 是齐次线性方程 $y' + p(x)y = 0$ 的解，则

$$p(x) = -\frac{y'}{y} = -\frac{x}{1+x^2}.$$

由【例 4】的注知 $\dfrac{1}{2}\left[(1+x^2)^2 - \sqrt{1+x^2}\right] + \dfrac{1}{2}\left[(1+x^2)^2 + \sqrt{1+x^2}\right] = (1+x^2)^2$ 是方程 $y' + p(x)y = q(x)$ 的解，则

$$q(x) = y' + p(x)y = 4x(1+x^2) - \frac{x}{1+x^2}(1+x^2)^2 = 3x(1+x^2).$$

故选(A).

例 6 （2016 年 2）以 $y = x^2 - e^x$ 和 $y = x^2$ 为特解的一阶非齐次线性微分方程为 _____.

【答案】　$y' - y = 2x - x^2$

【分析】　设所求方程为 $y' + p(x)y = q(x)$. 由题设知

$$x^2 - (x^2 - e^x) = e^x$$

为对应的齐次方程 $y' + p(x)y = 0$ 的解，则

$$e^x + p(x)e^x = 0,$$

则 $p(x) = -1$.

将 $y = x^2$ 代入方程 $y' - y = q(x)$ 得

$$q(x) = 2x - x^2.$$

所求方程为 $y' - y = 2x - x^2$.

例 7 （2018 年 3）设函数 $f(x)$ 满足 $f(x+\Delta x) - f(x) = 2xf(x)\Delta x + o(\Delta x)(\Delta x \to 0)$，且 $f(0) = 2$，则 $f(1) =$ _____.

【答案】　2e

【分析】　由 $f(x+\Delta x) - f(x) = 2xf(x)\Delta x + o(\Delta x)(\Delta x \to 0)$ 知

$$\frac{f(x+\Delta x) - f(x)}{\Delta x} = 2xf(x) + \frac{o(\Delta x)}{\Delta x}.$$

上式中令 $\Delta x \to 0$ 得　　$f'(x) = 2xf(x)$.

解方程得 $f(x) = Ce^{x^2}$.

又 $f(0) = 2$，则 $C = 2, f(x) = 2e^{x^2}, f(1) = 2e$.

例 8 （2024 年 1,2）微分方程 $y' = \dfrac{1}{(x+y)^2}$ 满足条件 $y(1) = 0$ 的解为 _____.

思考 & 笔记

【答案】 $y - \arctan(x+y) + \dfrac{\pi}{4} = 0$

练习题

1. (2004 年 2) 微分方程 $(y + x^3)\mathrm{d}x - 2x\mathrm{d}y = 0$ 满足 $y\big|_{x=1} = \dfrac{6}{5}$ 的特解为 $y = \underline{\qquad}$.

2. (2008 年 2) 微分方程 $(y + x^2\mathrm{e}^{-x})\mathrm{d}x - x\mathrm{d}y = 0$ 的通解是 $y = \underline{\qquad}$.

3. (2011 年 1,2) 微分方程 $y' + y = \mathrm{e}^{-x}\cos x$ 满足条件 $y(0) = 0$ 的解为 $y = \underline{\qquad}$.

4. (1998 年 1,2) 已知函数 $y = y(x)$ 在任意点 x 处的增量 $\Delta y = \dfrac{y\Delta x}{1+x^2} + \alpha$,且当 $\Delta x \to 0$ 时, α 是 Δx 的高阶无穷小,$y(0) = \pi$,则 $y(1)$ 等于(　　)

(A)2π. 　　　　(B)π. 　　　　(C)$\mathrm{e}^{\frac{\pi}{4}}$. 　　　　(D)$\pi\mathrm{e}^{\frac{\pi}{4}}$.

5. (2006 年 3) 设非齐次线性微分方程 $y' + P(x)y = Q(x)$ 有两个不同的解 $y_1(x), y_2(x)$, C 为任意常数,则该方程的通解是(　　)

(A)$C[y_1(x) - y_2(x)]$. 　　　　　　(B)$y_1(x) + C[y_1(x) - y_2(x)]$.

(C)$C[y_1(x) + y_2(x)]$. 　　　　　　(D)$y_1(x) + C[y_1(x) + y_2(x)]$.

答　案

1. $\dfrac{x^3}{5} + \sqrt{x}$; 　2. $x(C - \mathrm{e}^{-x})$; 　3. $\mathrm{e}^{-x}\sin x$; 　4. D; 　5. B.

二、高阶方程

常用结论

1. 可降阶方程(数三不要求)

(1)$y^{(n)} = f(x)$ 型的微分方程;

(2)$y'' = f(x,y')$ 型的方程　　令 $y' = p, y'' = p'$;

(3)$y'' = f(y,y')$ 型的方程　　令 $y' = p, y'' = p\dfrac{\mathrm{d}p}{\mathrm{d}y}$.

2. 高阶线性常系数方程

(1) 齐次方程 $y'' + py' + qy = 0$;

(2) 非齐次方程 $y'' + py' + qy = f(x)$.

例 1　(2002 年 2)设 $y = y(x)$ 是二阶线性常系数微分方程 $y'' + py' + qy = e^{3x}$ 满足

初始条件 $y(0) = y'(0) = 0$ 的特解,则当 $x \to 0$ 时函数 $\dfrac{\ln(1+x^2)}{y(x)}$ 的极限(　　)

(A) 不存在.　　　(B) 等于 1.　　　(C) 等于 2.　　　(D) 等于 3.

【答案】 C

【分析】
$$\lim_{x \to 0} \frac{\ln(1+x^2)}{y(x)} = \lim_{x \to 0} \frac{x^2}{y(x)} = \lim_{x \to 0} \frac{2x}{y'(x)}$$
$$= \lim_{x \to 0} \frac{2}{y''(x)} = \frac{2}{y''(0)} = \frac{2}{e^0} = 2.$$

故应选(C).

例 2　(2004 年 2)微分方程 $y'' + y = x^2 + 1 + \sin x$ 的特解形式可设为(　　)

(A)$y^* = ax^2 + bx + c + x(A\sin x + B\cos x)$.

(B)$y^* = x(ax^2 + bx + c + A\sin x + B\cos x)$.

(C)$y^* = ax^2 + bx + c + A\sin x$.

(D)$y^* = ax^2 + bx + c + A\cos x$.

思考 & 笔记

【答案】 A

例 3 （2006 年 2）函数 $y = C_1 e^x + C_2 e^{-2x} + x e^x$ 满足的一个微分方程是（ ）

(A) $y'' - y' - 2y = 3x e^x$.　　　　　　(B) $y'' - y' - 2y = 3 e^x$.

(C) $y'' + y' - 2y = 3x e^x$.　　　　　　(D) $y'' + y' - 2y = 3 e^x$.

思考 & 笔记 ────────────────

【答案】　D

例 4 （2015 年 1）设 $y = \dfrac{1}{2} e^{2x} + \left(x - \dfrac{1}{3}\right) e^x$ 是二阶常系数非齐次线性微分方程 $y'' + ay' + by = c e^x$ 的一个特解，则（ ）

(A) $a = -3, b = 2, c = -1$.　　　　　　(B) $a = 3, b = 2, c = -1$.

(C) $a = -3, b = 2, c = 1$.　　　　　　(D) $a = 3, b = 2, c = 1$.

思考 & 笔记 ────────────────

【答案】　A

例 5 （2012 年 1）若函数 $f(x)$ 满足方程 $f''(x) + f'(x) - 2f(x) = 0$ 及 $f''(x) + f(x) = 2 e^x$，则 $f(x) = $ _____.

【答案】　e^x

【分析一】　方程 $f''(x) + f'(x) - 2f(x) = 0$ 的特征方程为
$$\lambda^2 + \lambda - 2 = 0.$$
特征根为 $\lambda_1 = 1, \lambda_2 = -2$，其通解为 $f(x) = C_1 e^x + C_2 e^{-2x}$. 将其代入方程 $f''(x) + f(x) = 2 e^x$ 得
$$2C_1 e^x + 5C_2 e^{-2x} = 2 e^x.$$
所以，$C_1 = 1, C_2 = 0$，故 $f(x) = e^x$.

【分析二】　将 $f''(x) + f(x) = 2 e^x$ 代入方程 $f''(x) + f'(x) - 2f(x) = 0$ 得

$$f'(x) - 3f(x) = -2e^x,$$

$$f(x) = e^{-\int -3dx}\left[\int (-2e^x)e^{\int -3dx}dx + C\right]$$

$$= e^{3x}(C + e^{-2x}) = Ce^{3x} + e^x.$$

而方程 $f''(x) + f'(x) - 2f(x) = 0$ 的通解为

$$f(x) = C_1 e^x + C_2 e^{-2x}.$$

则 $C = 0, f(x) = e^x$.

例 6　(2013 年 1) 已知 $y_1 = e^{3x} - xe^{2x}$，$y_2 = e^x - xe^{2x}$，$y_3 = -xe^{2x}$ 是某二阶常系数非齐次线性微分方程的 3 个解，则该方程的通解为 $y =$ _____.

思 考 & 笔 记

【答案】$C_1 e^x + C_2 e^{3x} - xe^{2x}$

例 7　(2020 年 1) 若函数 $f(x)$ 满足 $f''(x) + af'(x) + f(x) = 0(a > 0)$，且 $f(0) = m, f'(0) = n$，则 $\int_0^{+\infty} f(x)dx =$ _____.

【答案】$am + n$

【分析】方程 $f''(x) + af'(x) + f(x) = 0(a > 0)$ 的特征方程为 $\lambda^2 + a\lambda + 1 = 0$，特征根为 $\lambda = \dfrac{-a \pm \sqrt{a^2 - 4}}{2}$.

当 $0 < a < 2$ 时，$f(x) = e^{-\frac{a}{2}x}\left(C_1 \cos \dfrac{\sqrt{4 - a^2}}{2}x + C_2 \sin \dfrac{\sqrt{4 - a^2}}{2}x\right)$，所以

$$\lim_{x \to +\infty} f(x) = 0, \lim_{x \to +\infty} f'(x) = 0;$$

当 $a = 2$ 时，$f(x) = C_1 e^{-\frac{a}{2}x} + C_2 x e^{-\frac{a}{2}x}$，所以 $\lim_{x \to +\infty} f(x) = 0, \lim_{x \to +\infty} f'(x) = 0$；

当 $a > 2$ 时，$f(x) = C_1 e^{\frac{-a - \sqrt{a^2 - 4}}{2}x} + C_2 e^{\frac{-a + \sqrt{a^2 - 4}}{2}x}$，则 $\lim_{x \to +\infty} f(x) = 0, \lim_{x \to +\infty} f'(x) = 0$，又因为 $f''(x) + af'(x) + f(x) = 0$，且 $f(0) = m, f'(0) = n$，则

$$\int_0^{+\infty} f(x)dx = -\int_0^{+\infty} [af'(x) + f''(x)]dx = -[af(x) + f'(x)]\Big|_0^{+\infty}$$

$$= af(0) + f'(0) = am + n.$$

例 8　(2023 年 1,2,3) 若微分方程 $y'' + ay' + by = 0$ 的解在 $(-\infty, +\infty)$ 上有界，则(　　)

(A)$a < 0, b > 0$.　　(B)$a > 0, b > 0$.　　(C)$a = 0, b > 0$.　　(D)$a = 0, b < 0$.

思考 & 笔记

【答案】C

练习题

1. (1994 年 3) 设 $y = f(x)$ 是微分方程 $y'' - y' - e^{\sin x} = 0$ 的解，且 $f'(x_0) = 0$，则 $f(x)$ 在（　　）

(A) x_0 的某个邻域内单调增加.　　　　(B) x_0 的某个邻域内单调减少.

(C) x_0 处取得极小值.　　　　　　　(D) x_0 处取得极大值.

2. (2017 年 2) 微分方程 $y'' - 4y' + 8y = e^{2x}(1 + \cos 2x)$ 的特解可设为 $y^* = （　　）$

(A) $Ae^{2x} + e^{2x}(B\cos 2x + C\sin 2x)$.　　　　(B) $Axe^{2x} + e^{2x}(B\cos 2x + C\sin 2x)$.

(C) $Ae^{2x} + xe^{2x}(B\cos 2x + C\sin 2x)$.　　　　(D) $Axe^{2x} + xe^{2x}(B\cos 2x + C\sin 2x)$.

3. (2000 年 2) 具有特解 $y_1 = e^{-x}$，$y_2 = 2xe^{-x}$，$y_3 = 3e^x$ 的三阶常系数齐次线性微分方程 是（　　）

(A) $y''' - y'' - y' + y = 0$.　　　　(B) $y''' + y'' - y' - y = 0$.

(C) $y''' - 6y'' + 11y' - 6y = 0$.　　　　(D) $y''' - 2y'' - y' + 2y = 0$.

4. (2009 年 1) 若二阶常系数线性齐次微分方程 $y'' + ay' + by = 0$ 的通解为 $y = (C_1 + C_2 x)e^x$，则非齐次方程 $y'' + ay' + by = x$ 满足条件 $y(0) = 2$，$y'(0) = 0$ 的解为_____.

5. (2015 年 3) 设函数 $y = y(x)$ 是微分方程 $y'' + y' - 2y = 0$ 的解，且在 $x = 0$ 处取得极值 3，则 $y = $ _____.

6. (2020 年 2) 设 $y = y(x)$ 满足 $y'' + 2y' + y = 0$，且 $y(0) = 0$，$y'(0) = 1$，则 $\int_0^{+\infty} y(x) \mathrm{d}x = $

_____.

答　案

1. C；　2. C；　3. B；　4. $y = x(1 - e^x) + 2$；　5. $2e^x + e^{-2x}$；　6. 1.

第五章　　多元函数微分学

一、多元函数连续、可导及可微性

常用结论

1. 连续

$$\lim_{\substack{x \to x_0 \\ y \to y_0}} f(x,y) = f(x_0, y_0).$$

2. 偏导数

$$f'_x(x_0, y_0) = \lim_{\Delta x \to 0} \frac{f(x_0 + \Delta x, y_0) - f(x_0, y_0)}{\Delta x} = \frac{\mathrm{d}}{\mathrm{d}x} f(x, y_0) \Big|_{x = x_0};$$

$$f'_y(x_0, y_0) = \lim_{\Delta y \to 0} \frac{f(x_0, y_0 + \Delta y) - f(x_0, y_0)}{\Delta y} = \frac{\mathrm{d}}{\mathrm{d}y} f(x_0, y) \Big|_{y = y_0}.$$

3. 全微分

(1) 定义.

　　若 $\Delta z = f(x_0 + \Delta x, y_0 + \Delta y) - f(x_0, y_0) = A\Delta x + B\Delta y + o(\rho)$（其中 $\rho = \sqrt{(\Delta x)^2 + (\Delta y)^2}$），则称函数 $z = f(x,y)$ 在点 (x_0, y_0) 可微，$\mathrm{d}z = A\mathrm{d}x + B\mathrm{d}y$.

(2) 可微性判定.

　　① 必要条件：$f'_x(x_0, y_0)$ 与 $f'_y(x_0, y_0)$ 都存在；

　　② 充分条件：$f'_x(x,y)$ 和 $f'_y(x,y)$ 在 (x_0, y_0) 连续；

　　③ 用定义判定：

　　　（ⅰ）$f'_x(x_0, y_0)$ 与 $f'_y(x_0, y_0)$ 是否都存在？

　　　（ⅱ）$\lim\limits_{\substack{\Delta x \to 0 \\ \Delta y \to 0}} \dfrac{[f(x_0 + \Delta x, y_0 + \Delta y) - f(x_0, y_0)] - [f'_x(x_0, y_0)\Delta x + f'_y(x_0, y_0)\Delta y]}{\sqrt{(\Delta x)^2 + (\Delta y)^2}}$

　　　是否为零？

例 1　（2008 年 3）已知 $f(x,y) = \mathrm{e}^{\sqrt{x^2 + y^4}}$，则（　　　）

(A) $f'_x(0,0)$，$f'_y(0,0)$ 都存在.　　　　　(B) $f'_x(0,0)$ 不存在，$f'_y(0,0)$ 存在.

(C) $f'_x(0,0)$ 存在，$f'_y(0,0)$ 不存在.　　　(D) $f'_x(0,0)$，$f'_y(0,0)$ 都不存在.

【答案】　B

【分析】　由 $f(x,y) = \mathrm{e}^{\sqrt{x^2 + y^4}}$ 知，$f(x,0) = \mathrm{e}^{\sqrt{x^2}} = \mathrm{e}^{|x|}$，由于 $\mathrm{e}^{|x|}$ 在 $x = 0$ 处不可导，则 $f'_x(0,0)$ 不存在.

　　$f(0,y) = \mathrm{e}^{\sqrt{y^4}} = \mathrm{e}^{y^2}$ 在 $y = 0$ 处可导，则 $f'_y(0,0)$ 存在，故应选 (B).

例 2 （2007 年 2）二元函数 $f(x,y)$ 在点 $(0,0)$ 处可微的一个充分条件是（　　）

(A) $\lim\limits_{(x,y)\to(0,0)}\left[f(x,y)-f(0,0)\right]=0$.

(B) $\lim\limits_{x\to 0}\dfrac{f(x,0)-f(0,0)}{x}=0$，且 $\lim\limits_{y\to 0}\dfrac{f(0,y)-f(0,0)}{y}=0$.

(C) $\lim\limits_{(x,y)\to(0,0)}\dfrac{f(x,y)-f(0,0)}{\sqrt{x^2+y^2}}=0$.

(D) $\lim\limits_{x\to 0}\left[f'_x(x,0)-f'_x(0,0)\right]=0$，且 $\lim\limits_{y\to 0}\left[f'_y(0,y)-f'_y(0,0)\right]=0$.

【答案】 C

【分析】 直接法

由 $\lim\limits_{(x,y)\to(0,0)}\dfrac{f(x,y)-f(0,0)}{\sqrt{x^2+y^2}}=0$ 知 $(x,y)\to(0,0)$ 时

$$f(x,y)-f(0,0)=o(\sqrt{x^2+y^2}),$$

即 $f(x,y)-f(0,0)=0\cdot x+0\cdot y+o(\sqrt{x^2+y^2})$.

由微分定义知 $f(x,y)$ 在 $(0,0)$ 点可微，故选(C).

例 3 （2012 年 1）如果函数 $f(x,y)$ 在 $(0,0)$ 处连续，那么下列命题正确的是（　　）

(A) 若极限 $\lim\limits_{\substack{x\to 0\\y\to 0}}\dfrac{f(x,y)}{|x|+|y|}$ 存在，则 $f(x,y)$ 在 $(0,0)$ 处可微.

(B) 若极限 $\lim\limits_{\substack{x\to 0\\y\to 0}}\dfrac{f(x,y)}{x^2+y^2}$ 存在，则 $f(x,y)$ 在 $(0,0)$ 处可微.

(C) 若 $f(x,y)$ 在 $(0,0)$ 处可微，则极限 $\lim\limits_{\substack{x\to 0\\y\to 0}}\dfrac{f(x,y)}{|x|+|y|}$ 存在.

(D) 若 $f(x,y)$ 在 $(0,0)$ 处可微，则极限 $\lim\limits_{\substack{x\to 0\\y\to 0}}\dfrac{f(x,y)}{x^2+y^2}$ 存在.

【答案】 B

【分析一】 直接法

由 $\lim\limits_{\substack{x\to 0\\y\to 0}}\dfrac{f(x,y)}{x^2+y^2}$ 存在及 $f(x,y)$ 在 $(0,0)$ 的连续性知 $\lim\limits_{\substack{x\to 0\\y\to 0}}f(x,y)=f(0,0)=0$，且

$$\lim\limits_{\substack{x\to 0\\y\to 0}}\dfrac{f(x,y)}{x^2+y^2}\sqrt{x^2+y^2}=\lim\limits_{\substack{x\to 0\\y\to 0}}\dfrac{f(x,y)}{\sqrt{x^2+y^2}}=0.$$

从而有

$$f(x,y)-f(0,0)=0\cdot x+0\cdot y+o(\sqrt{x^2+y^2}).$$

由微分定义知 $f(x,y)$ 在 $(0,0)$ 点可微，故选(B).

【分析二】 排除法

令 $f(x,y)=|x|+|y|$，此时，$\lim\limits_{\substack{x\to 0\\y\to 0}}\dfrac{f(x,y)}{|x|+|y|}$ 存在，但 $f(x,y)=|x|+|y|$ 在 $(0,0)$ 点处两个偏导数 $f'_x(0,0)$，$f'_y(0,0)$ 都不存在，则 $f(x,y)=|x|+|y|$ 在 $(0,0)$ 点不可微，排除(A). 若令 $f(x,y)=1$，显然 $f(x,y)$ 在 $(0,0)$ 点可微，但 $\lim\limits_{\substack{x\to 0\\y\to 0}}\dfrac{f(x,y)}{|x|+|y|}$ 和 $\lim\limits_{\substack{x\to 0\\y\to 0}}\dfrac{f(x,y)}{x^2+y^2}$ 都不存在，则排除(C)(D)，故选(B).

例 4 （仅数一要求）(2020 年 1) 设函数 $f(x,y)$ 在点 $(0,0)$ 处可微，$f(0,0)=0$，$n=\left(\dfrac{\partial f}{\partial x},\dfrac{\partial f}{\partial y},-1\right)\Big|_{(0,0)}$，非零向量 $\boldsymbol{\alpha}$ 与 $\boldsymbol{n}$ 垂直，则（　　）

(A) $\displaystyle\lim_{(x,y)\to(0,0)}\frac{|\boldsymbol{n}\cdot(x,y,f(x,y))|}{\sqrt{x^2+y^2}}$ 存在．　(B) $\displaystyle\lim_{(x,y)\to(0,0)}\frac{|\boldsymbol{n}\times(x,y,f(x,y))|}{\sqrt{x^2+y^2}}$ 存在．

(C) $\displaystyle\lim_{(x,y)\to(0,0)}\frac{|\boldsymbol{\alpha}\cdot(x,y,f(x,y))|}{\sqrt{x^2+y^2}}$ 存在．　(D) $\displaystyle\lim_{(x,y)\to(0,0)}\frac{|\boldsymbol{\alpha}\times(x,y,f(x,y))|}{\sqrt{x^2+y^2}}$ 存在．

【答案】 A

【分析】 由于 $f(x,y)$ 在 $(0,0)$ 点可微，且 $f(0,0)=0$，则

$$f(x,y)=f(x,y)-f(0,0)=\frac{\partial f}{\partial x}\Big|_{(0,0)}x+\frac{\partial f}{\partial y}\Big|_{(0,0)}y+o(\sqrt{x^2+y^2}),$$

即 $\dfrac{\partial f}{\partial x}\Big|_{(0,0)}x+\dfrac{\partial f}{\partial y}\Big|_{(0,0)}y-f(x,y)=o(\sqrt{x^2+y^2}).$

$$\lim_{(x,y)\to(0,0)}\frac{\dfrac{\partial f}{\partial x}\Big|_{(0,0)}x+\dfrac{\partial f}{\partial y}\Big|_{(0,0)}y-f(x,y)}{\sqrt{x^2+y^2}}=0,$$

而 $|\boldsymbol{n}\cdot(x,y,f(x,y))|=\left|\dfrac{\partial f}{\partial x}\Big|_{(0,0)}x+\dfrac{\partial f}{\partial y}\Big|_{(0,0)}y-f(x,y)\right|.$

从而有 $\displaystyle\lim_{(x,y)\to(0,0)}\frac{|\boldsymbol{n}\cdot(x,y,f(x,y))|}{\sqrt{x^2+y^2}}=0.$ 故应选(A)．

例 5 (2020 年 2) 关于函数 $f(x,y)=\begin{cases} xy, & xy\neq 0, \\ x, & y=0, \\ y, & x=0, \end{cases}$ 给出以下结论：

① $\dfrac{\partial f}{\partial x}\Big|_{(0,0)}=1$；② $\dfrac{\partial^2 f}{\partial x\partial y}\Big|_{(0,0)}=1$；③ $\displaystyle\lim_{(x,y)\to(0,0)}f(x,y)=0$；④ $\displaystyle\lim_{y\to0}\lim_{x\to0}f(x,y)=0.$

其中正确的个数为（　　）

(A) 4.　　　　(B) 3.　　　　(C) 2.　　　　(D) 1.

【答案】 B

【分析】 $\displaystyle\lim_{x\to0}\frac{f(x,0)-f(0,0)}{x}=\lim_{x\to0}\frac{x-0}{x}=1$，则 $\dfrac{\partial f}{\partial x}\Big|_{(0,0)}=1.$

当 $y\neq0$ 时，$\displaystyle\lim_{x\to0}\frac{f(x,y)-f(0,y)}{x}=\lim_{x\to0}\frac{xy-y}{x}$ 不存在，所以 $y\neq0$ 时，$\dfrac{\partial f}{\partial x}\Big|_{(0,y)}$ 不存在，

从而 $\dfrac{\partial^2 f}{\partial x\partial y}\Big|_{(0,0)}$ 不存在．

由于 $|f(x,y)|\leqslant|x|+|y|+|xy|$，则

$$\lim_{(x,y)\to(0,0)}|f(x,y)|=0,\lim_{y\to0}\lim_{x\to0}|f(x,y)|=0,$$

故 $\displaystyle\lim_{(x,y)\to(0,0)}f(x,y)=0$，$\displaystyle\lim_{y\to0}\lim_{x\to0}f(x,y)=0$，从而结论①③④为正确结论，故应选(B)．

例 6 (2012 年 2) 设 $f(x,y)$ 具有一阶偏导数，且对任意的 (x,y) 都有 $\dfrac{\partial f(x,y)}{\partial x}>0$，$\dfrac{\partial f(x,y)}{\partial y}<0$，则（　　）

(A)$f(0,0) > f(1,1)$.　　　　　　(B)$f(0,0) < f(1,1)$.

(C)$f(0,1) > f(1,0)$.　　　　　　(D)$f(0,1) < f(1,0)$.

【答案】　D

【分析一】　直接法

$$f(1,0) - f(0,1) = [f(1,0) - f(0,0)] - [f(0,1) - f(0,0)]$$
$$= f'_x(\xi,0) \cdot 1 - f'_y(0,\eta) \cdot 1. \quad (0 < \xi, \eta < 1)$$

由题设知 $f'_x(\xi,0) > 0, f'_y(0,\eta) < 0$，则 $f(1,0) - f(0,1) > 0$，即 $f(1,0) > f(0,1)$，故应选(D).

【分析二】　排除法

令 $f(x,y) = x - y$，则 $\dfrac{\partial f}{\partial x} = 1 > 0, \dfrac{\partial f}{\partial y} = -1 < 0$.

$f(0,0) = 0, f(1,1) = 0, f(0,1) = -1, f(1,0) = 1$，则排除(A)(B)(C)，故应选(D).

例 7　已知函数 $z = f(x,y)$ 连续且满足 $\lim\limits_{\substack{x \to 1 \\ y \to 0}} \dfrac{f(x,y) - x + 2y + 2}{\sqrt{(x-1)^2 + y^2}} = 0$，则

$$\lim_{t \to 0} \frac{f(e^{2t},0) - f(1, 2\sin t)}{t} = \underline{\qquad\qquad}.$$

【答案】　6

【分析一】　直接法

由 $f(x,y)$ 的连续性及 $\lim\limits_{\substack{x \to 1 \\ y \to 0}} \dfrac{f(x,y) - x + 2y + 2}{\sqrt{(x-1)^2 + y^2}} = 0$ 可知 $f(1,0) = -1$，且

$$f(x,y) - f(1,0) = (x-1) - 2y + o(\sqrt{x^2 + y^2}),$$

则 $f'_x(1,0) = 1, f'_y(1,0) = -2$.

$$\lim_{t \to 0} \frac{f(e^{2t},0) - f(1, 2\sin t)}{t}$$
$$= \lim_{t \to 0} \frac{f[1 + (e^{2t}-1), 0] - f(1,0)}{e^{2t} - 1} \cdot \frac{e^{2t} - 1}{t} - \lim_{t \to 0} \frac{f(1, 2\sin t) - f(1,0)}{2\sin t} \cdot \frac{2\sin t}{t}$$
$$= 2f'_x(1,0) - 2f'_y(1,0)$$
$$= 2 + 4 = 6.$$

【分析二】

思 考 & 笔 记

例 **8**　下列 4 个函数中在 $(0,0)$ 点可微的个数为(　　)

① $f(x,y) = (x+y)(|x|+|y|)$.

② $f(x,y) = \begin{cases} \dfrac{x^2 y}{x^2+y^2}, & (x,y) \neq (0,0), \\ 0, & (x,y) = (0,0). \end{cases}$

③ $f(x,y) = \begin{cases} \dfrac{(x+y)\sqrt{|xy|}}{\sqrt{x^2+y^2}}, & (x,y) \neq (0,0), \\ 0, & (x,y) = (0,0). \end{cases}$

④ $f(x,y) = \begin{cases} xy\sin\dfrac{1}{\sqrt{x^2+y^2}}, & (x,y) \neq (0,0), \\ 0, & (x,y) = (0,0). \end{cases}$

(A)1.　　　　　(B)2.　　　　　(C)3.　　　　　(D)4.

思 考 & 笔 记

【答案】　B

【注】　(1) 若 $\lim\limits_{\substack{x \to 0 \\ y \to 0}} \dfrac{f(x,y) - f(0,0)}{\sqrt{x^2+y^2}} = 0$，则 $f(x,y)$ 在 $(0,0)$ 点可微；

(2) 若 $f'_x(0,0) = f'_y(0,0) = 0$，则 $f(x,y)$ 在 $(0,0)$ 点可微的充要条件为
$$\lim_{\substack{x \to 0 \\ y \to 0}} \frac{f(x,y) - f(0,0)}{\sqrt{x^2+y^2}} = 0.$$

例 **9**　(2024 年 2) 已知函数 $f(x,y) = \begin{cases} (x^2+y^2)\sin\dfrac{1}{xy}, & xy \neq 0, \\ 0, & xy = 0. \end{cases}$ 则在点 $(0,0)$ 处
(　　)

(A) $\dfrac{\partial f(x,y)}{\partial x}$ 连续，$f(x,y)$ 可微.　　　(B) $\dfrac{\partial f(x,y)}{\partial x}$ 连续，$f(x,y)$ 不可微.

(C) $\dfrac{\partial f(x,y)}{\partial x}$ 不连续，$f(x,y)$ 可微.　　　(D) $\dfrac{\partial f(x,y)}{\partial x}$ 不连续，$f(x,y)$ 不可微.

思 考 & 笔 记

【答案】 C

练习题

1. 设函数 $f(x,y) = \begin{cases} \dfrac{\int_0^{x+y} |t|\,dt}{\sqrt{x^2+y^2}}, & (x,y) \neq (0,0), \\ 0, & (x,y) = (0,0), \end{cases}$ 则 $f(x,y)$ 在点 $(0,0)$ 处（   ）

(A) 不连续.   (B) 两个偏导数都不存在.

(C) 两个偏导数存在但不可微.   (D) 可微.

2. 设函数 $f(x,y) = \begin{cases} \dfrac{\sin(x^2+y^2)}{\sqrt{x^2+y^2}}\varphi(x,y), & (x,y) \neq (0,0), \\ 0, & (x,y) = (0,0), \end{cases}$ 其中 $\varphi(x,y)$ 在 $(0,0)$ 点连续，且 $\varphi(0,0) = 0$，则 $f(x,y)$ 在点 $(0,0)$ 处（   ）

(A) 连续不可导.   (B) 可导不连续.

(C) 可微.   (D) 不可微.

3. 设函数 $z = f(x,y)$ 在点 (x_0,y_0) 处有 $f'_x(x_0,y_0) = a, f'_y(x_0,y_0) = b$，则下列结论正确的是（   ）

(A) $\lim\limits_{\substack{x \to x_0 \\ y \to y_0}} f(x,y)$ 存在，但 $f(x,y)$ 在 (x_0,y_0) 处不连续.

(B) $f(x,y)$ 在 (x_0,y_0) 处连续.

(C) $\mathrm{d}z\big|_{(x_0,y_0)} = a\mathrm{d}x + b\mathrm{d}y$.

(D) $\lim\limits_{x \to x_0} f(x,y_0)$ 及 $\lim\limits_{y \to y_0} f(x_0,y)$ 都存在且相等.

4. 已知 $f(x,y)$ 在 $(0,0)$ 点的某邻域内有定义,且

$$\lim_{(x,y)\to(0,0)}\frac{f(x,y)+a\,(x-1)^2+b\,(y+1)^2}{\sqrt{x^2+y^2}}=c,$$

则 $f(x,y)$ 在 $(0,0)$ 点处可微的充分条件是(　　)

(A)$a=b=0$.

(B) $a=b=c=0$.

(C)$f(0,0)=-(a+b),c=1$.

(D) $f(0,0)=-(a+b),c=0$.

5. 已知函数 $z=f(x,y)$ 连续,且满足 $\lim\limits_{\substack{x\to0\\y\to1}}\dfrac{f(x,y)-x-2y-2}{\sqrt{x^2+(y-1)^2}}=0$,则 $\lim\limits_{n\to\infty}\left[\dfrac{f(0,1+\dfrac{1}{n})}{4}\right]^n=$

　　　　　.

6. 设可微函数 $f(x,y)$ 满足 $\dfrac{\partial f}{\partial x}>1,\dfrac{\partial f}{\partial y}<-1,f(0,0)=0$,则下列结论正确的是(　　)

(A)$f(1,1)>1$.

(B)$f(-1,1)>-2$.

(C)$f(-1,-1)<0$.

(D)$f(1,-1)>2$.

答　案

1. C；　2. C；　3. D；　4. D；　5. $e^{\frac{1}{2}}$；　6. D.

二、偏导数与全微分的计算

1. 复合函数偏导数与全微分的计算

例 **1**　(2019 年 1)设函数 $f(u)$ 可导,$z=f(\sin y-\sin x)+xy$,则

$\dfrac{1}{\cos x}\cdot\dfrac{\partial z}{\partial x}+\dfrac{1}{\cos y}\cdot\dfrac{\partial z}{\partial y}=$ 　　　　.

思 考 & 笔 记

【答案】　$\dfrac{y}{\cos x}+\dfrac{x}{\cos y}$

例 2 设 $f(x,y) = \dfrac{x-y}{\sqrt{1+x^2}} e^{x-y\varphi(x)}$，其中 $\varphi(x)$ 可导，且 $f'_x(1,1)=1$，则 $f'_y(1,1)=$（   ）

(A) 1.　　　　(B) $\dfrac{1}{2}$.　　　　(C) $-\dfrac{1}{2}$.　　　　(D) -1.

【答案】 D

【分析】 由题设知，

$$f(x,1) = \frac{x-1}{\sqrt{1+x^2}} e^{x-\varphi(x)}.$$

$$f'_x(1,1) = \lim_{x\to 1}\frac{f(x,1)-f(1,1)}{x-1} = \lim_{x\to 1}\left[\frac{1}{\sqrt{1+x^2}} e^{x-\varphi(x)}\right] = \frac{1}{\sqrt{2}} e^{1-\varphi(1)} = 1.$$

又

$$f(1,y) = \frac{1-y}{\sqrt{2}} e^{1-y\varphi(1)}.$$

$$f'_y(1,1) = \lim_{y\to 1}\frac{f(1,y)-f(1,1)}{y-1} = -\frac{1}{\sqrt{2}}\lim_{y\to 1}e^{1-y\varphi(1)} = -\frac{1}{\sqrt{2}}e^{1-\varphi(1)} = -1.$$

或　　$f'_y(1,1) = -\dfrac{1}{\sqrt{2}}e^{1-y\varphi(1)}\big[1+\varphi(1)-y\varphi(1)\big]\Big|_{y=1} = -\dfrac{1}{\sqrt{2}}e^{1-\varphi(1)} = -1.$

故应选(D).

例 3 (2013 年 2) 设 $z = \dfrac{y}{x}f(xy)$，其中函数 f 可微，则 $\dfrac{x}{y}\dfrac{\partial z}{\partial x} + \dfrac{\partial z}{\partial y} =$（   ）

(A) $2yf'(xy)$.　　(B) $-2yf'(xy)$.　　(C) $\dfrac{2}{x}f(xy)$.　　(D) $-\dfrac{2}{x}f(xy)$.

【答案】 A

【分析一】 直接法

$$\frac{\partial z}{\partial x} = -\frac{y}{x^2}f(xy) + \frac{y^2}{x}f'(xy).$$

$$\frac{\partial z}{\partial y} = \frac{1}{x}f(xy) + yf'(xy).$$

则　　$\dfrac{x}{y}\dfrac{\partial z}{\partial x} + \dfrac{\partial z}{\partial y} = -\dfrac{1}{x}f(xy) + yf'(xy) + \dfrac{1}{x}f(xy) + yf'(xy)$

$$= 2yf'(xy).$$

故应选(A).

【分析二】 排除法

令 $f(xy) = (xy)^2$，则 $z = \dfrac{y}{x}f(xy) = xy^3$，

$$\frac{x}{y}\frac{\partial z}{\partial x} + \frac{\partial z}{\partial y} = \frac{x}{y}\cdot y^3 + 3xy^2 = 4xy^2,$$

$$-2yf'(xy) = -4xy^2,\quad \frac{2}{x}f(xy) = 2xy^2,$$

$$-\frac{2}{x}f(xy) = -2xy^2.$$

则排除(B)(C)(D)，故应选(A).

例 4 (2009 年 1) 设二元函数 $f(u,v)$ 具有二阶连续偏导数，令 $z = f(x,xy)$，则 $\dfrac{\partial^2 z}{\partial x \partial y} = $ _____.

思考 & 笔记

【答案】 $xf''_{12}+f'_2+xyf''_{22}$

例 5 (2020 年 1) 设函数 $f(x,y)=\int_0^{xy}\mathrm{e}^{x t^2}\mathrm{d}t$，则 $\left.\dfrac{\partial^2 f}{\partial x \partial y}\right|_{(1,1)}=$ _____.

【答案】 $4\mathrm{e}$

【分析】
$$\frac{\partial f}{\partial y}=x\mathrm{e}^{x(xy)^2}=x\mathrm{e}^{x^3 y^2}.$$
$$\frac{\partial^2 f}{\partial y \partial x}=\mathrm{e}^{x^3 y^2}+3x^3 y^2\mathrm{e}^{x^3 y^2}.$$
$$\left.\frac{\partial^2 f}{\partial x \partial y}\right|_{(1,1)}=\left.\frac{\partial^2 f}{\partial y \partial x}\right|_{(1,1)}=4\mathrm{e}.$$

例 6 (2012 年 3) 设连续函数 $z=f(x,y)$ 满足 $\displaystyle\lim_{\substack{x\to 0\\ y\to 1}}\frac{f(x,y)-2x+y-2}{\sqrt{x^2+(y-1)^2}}=0$，则 $\mathrm{d}z\big|_{(0,1)}=$ _____.

【答案】 $2\mathrm{d}x-\mathrm{d}y$

【分析一】 由题设可知，$f(0,1)=1$，且
$$f(x,y)-f(0,1)=2x-(y-1)+o\left[\sqrt{x^2+(y-1)^2}\right],$$
则 $\mathrm{d}z\big|_{(0,1)}=2\mathrm{d}x-\mathrm{d}y$.

【分析二】 令 $f(x,y)=2x-y+2$，显然满足题设条件，则 $\mathrm{d}z\big|_{(0,1)}=2\mathrm{d}x-\mathrm{d}y$.

例 7 (2020 年 2,3) 设 $z=\arctan[xy+\sin(x+y)]$，则 $\mathrm{d}z\big|_{(0,\pi)}=$ _____.

思考 & 笔记

【答案】 $(\pi-1)\mathrm{d}x-\mathrm{d}y$

例 8 (2021 年 1,2,3) 设函数 $f(x,y)$ 可微且 $f(x+1,\mathrm{e}^x)=x(x+1)^2$，$f(x,x^2)=2x^2\ln x$，则 $\mathrm{d}f(1,1)=($ ___ $)$

(A)$dx + dy$. 　　　　(B)$dx - dy$. 　　　　(C)dy. 　　　　(D)$-dy$.

【答案】　C

【分析一】　直接法

$df(1,1) = f'_x(1,1)dx + f'_y(1,1)dy$.

等式 $f(x+1, e^x) = x(x+1)^2, f(x, x^2) = 2x^2 \ln x$ 两端对 x 求导得

$$f'_1 + e^x f'_2 = (x+1)^2 + 2x(x+1). \qquad ①$$

$$f'_1 + 2x f'_2 = 4x \ln x + 2x. \qquad ②$$

① 式中令 $x = 0$,② 式中令 $x = 1$ 得

$$f'_1(1,1) + f'_2(1,1) = 1.$$

$$f'_1(1,1) + 2f'_2(1,1) = 2.$$

解得 $f'_1(1,1) = 0, f'_2(1,1) = 1$.

则 $df(1,1) = dy$. 故应选(C).

【分析二】　排除法

令 $f(x,y) = x^2 \ln y$,显然满足题设条件,则

$$f'_x(1,1) = 2x \ln y \Big|_{(1,1)} = 0,$$

$$f'_y(1,1) = \frac{x^2}{y} \Big|_{(1,1)} = 1.$$

故 $df(1,1) = dy$. 故应选(C).

例 **9** （2022 年 1）设函数 $z = xyf\left(\dfrac{y}{x}\right)$,其中 $f(u)$ 可导. 若 $x\dfrac{\partial z}{\partial x} + y\dfrac{\partial z}{\partial y} = y^2(\ln y - \ln x)$,则（　　）

(A)$f(1) = \dfrac{1}{2}, f'(1) = 0$. 　　　　　　(B)$f(1) = 0, f'(1) = \dfrac{1}{2}$.

(C)$f(1) = \dfrac{1}{2}, f'(1) = 1$. 　　　　　　(D)$f(1) = 0, f'(1) = 1$.

【答案】　B

【分析一】　由 $z = xyf\left(\dfrac{y}{x}\right)$ 知

$$\frac{\partial z}{\partial x} = yf\left(\frac{y}{x}\right) - \frac{y^2}{x}f'\left(\frac{y}{x}\right), \frac{\partial z}{\partial y} = xf\left(\frac{y}{x}\right) + yf'\left(\frac{y}{x}\right).$$

则

$$x\frac{\partial z}{\partial x} + y\frac{\partial z}{\partial y} = 2xyf\left(\frac{y}{x}\right) = y^2 \ln\frac{y}{x}.$$

由此可知 $f(x) = \dfrac{1}{2}x \ln x, f(1) = 0, f'(1) = \dfrac{1}{2}$,故应选(B).

【分析二】　显然 $z = z(x,y) = xyf\left(\dfrac{y}{x}\right)$ 为 2 次齐次函数,则

$$x\frac{\partial z}{\partial x} + y\frac{\partial z}{\partial y} = 2z = 2xyf\left(\frac{y}{x}\right) = y^2 \ln\frac{y}{x}.$$

由此可知 $f(x) = \dfrac{1}{2}x \ln x, f(1) = 0, f'(1) = \dfrac{1}{2}$,故应选(B).

【注】　本题用到武忠祥编著 2026 版《高等数学辅导讲义》P174 页例 10 的结论:

若 $f(x,y)$ 可微,则 $f(x,y)$ 是 n 次齐次函数 $\Leftrightarrow x\dfrac{\partial f}{\partial x} + y\dfrac{\partial f}{\partial y} = nf(x,y)$.

例 10 （2022 年 2,3）设函数 $f(t)$ 连续，令 $F(x,y)=\displaystyle\int_0^{x-y}(x-y-t)f(t)\mathrm{d}t$，则（　　）

(A) $\dfrac{\partial F}{\partial x}=\dfrac{\partial F}{\partial y},\dfrac{\partial^2 F}{\partial x^2}=\dfrac{\partial^2 F}{\partial y^2}.$ (B) $\dfrac{\partial F}{\partial x}=\dfrac{\partial F}{\partial y},\dfrac{\partial^2 F}{\partial x^2}=-\dfrac{\partial^2 F}{\partial y^2}.$

(C) $\dfrac{\partial F}{\partial x}=-\dfrac{\partial F}{\partial y},\dfrac{\partial^2 F}{\partial x^2}=\dfrac{\partial^2 F}{\partial y^2}.$ (D) $\dfrac{\partial F}{\partial x}=-\dfrac{\partial F}{\partial y},\dfrac{\partial^2 F}{\partial x^2}=-\dfrac{\partial^2 F}{\partial y^2}.$

【答案】 C

【分析一】 直接法

$F(x,y)=(x-y)\displaystyle\int_0^{x-y}f(t)\mathrm{d}t-\int_0^{x-y}tf(t)\mathrm{d}t,$

$\dfrac{\partial F}{\partial x}=\displaystyle\int_0^{x-y}f(t)\mathrm{d}t+(x-y)f(x-y)-(x-y)f(x-y)=\int_0^{x-y}f(t)\mathrm{d}t,$

$\dfrac{\partial^2 F}{\partial x^2}=f(x-y),$

$\dfrac{\partial F}{\partial y}=-\displaystyle\int_0^{x-y}f(t)\mathrm{d}t-(x-y)f(x-y)+(x-y)f(x-y)=-\int_0^{x-y}f(t)\mathrm{d}t,$

$\dfrac{\partial^2 F}{\partial y^2}=f(x-y),$

则 $\dfrac{\partial F}{\partial x}=-\dfrac{\partial F}{\partial y},\dfrac{\partial^2 F}{\partial x^2}=\dfrac{\partial^2 F}{\partial y^2}$，故应选(C).

【分析二】 排除法

令 $f(t)\equiv 1$，则

$$F(x,y)=\int_0^{x-y}(x-y-t)\mathrm{d}t=(x-y)^2-\frac{(x-y)^2}{2}=\frac{(x-y)^2}{2},$$

$$\frac{\partial F}{\partial x}=x-y,\frac{\partial^2 F}{\partial x^2}=1,$$

$$\frac{\partial F}{\partial y}=-(x-y),\frac{\partial^2 F}{\partial y^2}=1.$$

则排除(A)(B)(D)，故应选(C).

例 11 （2024 年 1）设函数 $f(u,v)$ 具有二阶连续偏导数，且 $\mathrm{d}f\Big|_{(1,1)}=3\mathrm{d}u+4\mathrm{d}v$，令 $y=f(\cos x,1+x^2)$，则 $\dfrac{\mathrm{d}^2 y}{\mathrm{d}x^2}\Big|_{x=0}=$ _____.

思考 & 笔记

【答案】 5

2. 隐函数偏导数与全微分的计算

例 12 (2005 年 1) 设有三元方程 $xy - z\ln y + e^{xz} = 1$,根据隐函数存在定理,存在点 $(0,1,1)$ 的一个邻域,在此邻域内该方程( )

(A) 只能确定一个具有连续偏导数的隐函数 $z = z(x,y)$.

(B) 可确定两个具有连续偏导数的隐函数 $y = y(x,z)$ 和 $z = z(x,y)$.

(C) 可确定两个具有连续偏导数的隐函数 $x = x(y,z)$ 和 $z = z(x,y)$.

(D) 可确定两个具有连续偏导数的隐函数 $x = x(y,z)$ 和 $y = y(x,z)$.

【答案】 D

【分析】 原方程变形得 $xy - z\ln y + e^{xz} - 1 = 0$,令

$$F(x,y,z) = xy - z\ln y + e^{xz} - 1,$$

则

$$F'_x(0,1,1) = (y + ze^{xz})\Big|_{(0,1,1)} = 2 \neq 0,$$

$$F'_y(0,1,1) = \left(x - \frac{z}{y}\right)\Big|_{(0,1,1)} = -1 \neq 0,$$

则原方程可确定两个具有连续偏导数的隐函数 $x = x(y,z)$ 和 $y = y(x,z)$,故应选(D).

例 13 (2018 年 2) 设函数 $z = z(x,y)$ 由方程 $\ln z + e^{z-1} = xy$ 所确定,则 $\dfrac{\partial z}{\partial x}\Big|_{(2,\frac{1}{2})} = $ _____.

【答案】 $\dfrac{1}{4}$

【分析】 将 $x = 2, y = \dfrac{1}{2}$ 代入 $\ln z + e^{z-1} = xy$ 得,$z = 1$.

方程 $\ln z + e^{z-1} = xy$ 两端对 x 求偏导得

$$\frac{1}{z}\frac{\partial z}{\partial x} + e^{z-1}\frac{\partial z}{\partial x} = y.$$

将 $y = \dfrac{1}{2}, z = 1$ 代入上式得

$$\frac{\partial z}{\partial x}\Big|_{(2,\frac{1}{2})} = \frac{1}{4}.$$

例 14 (2016 年 1,3) 设函数 $f(u,v)$ 可微,$z = z(x,y)$ 由方程 $(x+1)z - y^2 = x^2 f(x-z,y)$ 确定,则 $dz\big|_{(0,1)} = $ _____.

【答案】 $-dx + 2dy$

【分析一】 由 $(x+1)z - y^2 = x^2 f(x-z,y)$ 可知,当 $x = 0, y = 1$ 时,$z = 1$.上式两端求微分得

$$(x+1)dz + zdx - 2ydy = x^2 df(x-z,y) + f(x-z,y)(2xdx).$$

将 $x = 0, y = 1, z = 1$ 代入上式得

$$dz\Big|_{(0,1)} + dx - 2dy = 0.$$

故 $dz\Big|_{(0,1)} = -dx + 2dy.$

【分析二】　由 $(x+1)z-y^2=x^2f(x-z,y)$ 可知，当 $x=0,y=1$ 时，$z=1$.

等式 $(x+1)z-y^2=x^2f(x-z,y)$ 两端分别对 x,y 求偏导得

$$z+(x+1)\frac{\partial z}{\partial x}=2xf(x-z,y)+x^2f_1'\cdot\left(1-\frac{\partial z}{\partial x}\right),$$

$$(x+1)\frac{\partial z}{\partial y}-2y=x^2\left[f_1'\cdot\left(-\frac{\partial z}{\partial y}\right)+f_2'\right].$$

将 $x=0,y=1,z=1$ 代入上式得

$$1+\frac{\partial z}{\partial x}\bigg|_{(0,1)}=0,\frac{\partial z}{\partial y}\bigg|_{(0,1)}-2=0,$$

即 $\dfrac{\partial z}{\partial x}\bigg|_{(0,1)}=-1,\dfrac{\partial z}{\partial y}\bigg|_{(0,1)}=2$.

在求 $\dfrac{\partial z}{\partial y}\bigg|_{(0,1)}$ 时也可先代后求，将 $x=0$ 代入原方程得

$$z-y^2=0.$$

由此可得 $\dfrac{\partial z}{\partial y}\bigg|_{(0,1)}=2$.

故 $\mathrm{d}z\bigg|_{(0,1)}=-\mathrm{d}x+2\mathrm{d}y$.

例 15　设函数 $z=z(x,y)$ 由方程 $2z+3x+4y=\displaystyle\int_0^{x+y+z}\mathrm{e}^{-t^2}\cos(xyt)\mathrm{d}t$ 所确定，则 $\mathrm{d}z\big|_{(0,0)}=$ _____.

【答案】　$-(2\mathrm{d}x+3\mathrm{d}y)$

【分析】　将 $x=0,y=0$ 代入原方程得 $2z=\displaystyle\int_0^z\mathrm{e}^{-t^2}\mathrm{d}t$，从而 $z=0$.

将 $y=0$ 代入原方程得

$$2z+3x=\int_0^{x+z}\mathrm{e}^{-t^2}\mathrm{d}t.$$

该式两端对 x 求偏导得

$$2\frac{\partial z}{\partial x}+3=\mathrm{e}^{-(x+z)^2}\left(1+\frac{\partial z}{\partial x}\right).$$

将 $x=0,z=0$ 代入上式得

$$\frac{\partial z}{\partial x}\bigg|_{(0,0)}=-2.$$

同理可得 $\dfrac{\partial z}{\partial y}\bigg|_{(0,0)}=-3$，则

$$\mathrm{d}z\bigg|_{(0,0)}=-(2\mathrm{d}x+3\mathrm{d}y).$$

例 16　(2017 年 2,3) 设函数 $f(x,y)$ 具有一阶连续偏导数，且 $\mathrm{d}f(x,y)=y\mathrm{e}^y\mathrm{d}x+x(1+y)\mathrm{e}^y\mathrm{d}y,f(0,0)=0$，则 $f(x,y)=$ _____.

【答案】　$xy\mathrm{e}^y$

【分析一】　由 $\mathrm{d}f(x,y)=y\mathrm{e}^y\mathrm{d}x+x(1+y)\mathrm{e}^y\mathrm{d}y$ 知

$$\frac{\partial f}{\partial x} = y\mathrm{e}^y, \frac{\partial f}{\partial y} = x(1+y)\mathrm{e}^y,$$

则 $f(x,y) = \int y\mathrm{e}^y \mathrm{d}x = xy\mathrm{e}^y + \varphi(y).$

$$\frac{\partial f}{\partial y} = x\mathrm{e}^y + xy\mathrm{e}^y + \varphi'(y) = x(1+y)\mathrm{e}^y,$$

则 $\varphi'(y) = 0, \varphi(y) = C, f(x,y) = xy\mathrm{e}^y + C,$ 由 $f(0,0) = 0$ 知,$C = 0,$ 则 $f(x,y) = xy\mathrm{e}^y.$

【分析二】
$$\begin{aligned}\mathrm{d}f(x,y) &= y\mathrm{e}^y\mathrm{d}x + x(1+y)\mathrm{e}^y\mathrm{d}y\\ &= (y\mathrm{e}^y)\mathrm{d}x + x\mathrm{d}(y\mathrm{e}^y)\\ &= \mathrm{d}(xy\mathrm{e}^y),\end{aligned}$$

则 $f(x,y) = xy\mathrm{e}^y + C,$ 由 $f(0,0) = 0$ 知,$C = 0,$ 故 $f(x,y) = xy\mathrm{e}^y.$

例 17 （2023 年 3）已知函数 $f(x,y)$ 满足 $\mathrm{d}f(x,y) = \dfrac{x\mathrm{d}y - y\mathrm{d}x}{x^2 + y^2}, f(1,1) = \dfrac{\pi}{4},$ 则 $f(\sqrt{3},3) = \underline{\qquad}.$

思 考 & 笔 记

【答案】 $\dfrac{\pi}{3}$

练习题

1. 设 $f(x,y) = \dfrac{x\cos y - y\cos x}{1 + \sin x + \sin y},$ 则 $\mathrm{d}f(0,0) = (\qquad)$

(A) $\mathrm{d}x + \mathrm{d}y.$　　(B) $-\mathrm{d}x + \mathrm{d}y.$　　(C) $\mathrm{d}x - \mathrm{d}y.$　　(D) $-\mathrm{d}x - \mathrm{d}y.$

2. （2019 年 2）设函数 $f(u)$ 可导,$z = yf\left(\dfrac{y^2}{x}\right),$ 则 $2x\dfrac{\partial z}{\partial x} + y\dfrac{\partial z}{\partial y} = \underline{\qquad}.$

3. （2021 年 2）设函数 $z = z(x,y)$ 由方程 $(x+1)z + y\ln z - \arctan(2xy) = 1$ 确定,则 $\left.\dfrac{\partial z}{\partial x}\right|_{(0,2)} = \underline{\qquad}.$

4. (2015 年 1)若函数 $z = z(x,y)$ 由方程 $e^z + xyz + x + \cos x = 2$ 确定,则 $dz|_{(0,1)} = $ _____.

5. 设 $f(x)$ 连续,$x^2 + y^2 + z^2 = \int_x^y f(x+y-t)dt$,则 $2z\left(\dfrac{\partial z}{\partial x} + \dfrac{\partial z}{\partial y}\right) = $ _____.

6. 设函数 $z = z(x,y)$ 由方程 $F(x-y,z) = 0$ 确定,其中 $F(u,v)$ 具有连续二阶偏导数,且 $F_2' \neq 0$,则 $\dfrac{\partial^2 z}{\partial x \partial y} = $ _____.

7. 已知 $du(x,y) = \dfrac{ydx - xdy}{3x^2 - 2xy + 3y^2}$,则 $u(x,y) = $ _____.

<hr>

答　案

1. C； 2. $yf\left(\dfrac{y^2}{x}\right)$； 3. 1； 4. $-dx$； 5. $f(y) - f(x) - 2(x+y)$；

6. $\dfrac{F_{11}'' F_2'^2 - 2F_{12}'' F_1' F_2' + F_{22}'' F_1'^2}{F_2'^3}$； 7. $\dfrac{1}{2\sqrt{2}}\arctan\left[\dfrac{3}{2\sqrt{2}}\left(\dfrac{x}{y} - \dfrac{1}{3}\right)\right] + C, C$ 为任意常数.

三、多元函数的极值与最值

常用结论

1. 无条件极值

(1) 必要条件　设 $z = f(x,y)$ 在点 (x_0, y_0) 处存在偏导数,且 (x_0, y_0) 为 $f(x,y)$ 的极值点,则 $f_x'(x_0, y_0) = 0, f_y'(x_0, y_0) = 0$.

(2) 充分条件　设 $z = f(x,y)$ 在点 $P_0(x_0, y_0)$ 的某邻域内有二阶连续偏导数,又 $f_x'(x_0, y_0), f_y'(x_0, y_0) = 0$,记 $A = f_{xx}''(x_0, y_0), B = f_{xy}''(x_0, y_0), C = f_{yy}''(x_0, y_0)$,则

① 若 $AC - B^2 > 0$,则 (x_0, y_0) 为 $f(x,y)$ 的极值点.

（ⅰ）$A < 0$,则 (x_0, y_0) 为 $f(x,y)$ 的极大值点；

（ⅱ）$A > 0$,则 (x_0, y_0) 为 $f(x,y)$ 的极小值点.

② 若 $AC - B^2 < 0$,则 (x_0, y_0) 不为 $f(x,y)$ 的极值点.

③ 若 $AC - B^2 = 0$,则 (x_0, y_0) 可能为 $f(x,y)$ 的极值点,也可能不为 $f(x,y)$ 的极值点(此时,一般用定义判定).

2. 条件极值

拉格朗日乘数法.

例 1 (2017 年 3) 二元函数 $z = xy(3 - x - y)$ 的极值点是(　　)

(A)(0,0).　　　　(B)(0,3).　　　　(C)(3,0).　　　　(D)(1,1).

【答案】 D

【分析】
$$\begin{cases} \dfrac{\partial z}{\partial x} = 3y - 2xy - y^2 = 0, \\ \dfrac{\partial z}{\partial y} = 3x - 2xy - x^2 = 0. \end{cases}$$

易验证 $(0,0),(0,3),(3,0),(1,1)$ 都满足以上方程

$$A = \dfrac{\partial^2 z}{\partial x^2} = -2y, B = \dfrac{\partial^2 z}{\partial x \partial y} = 3 - 2x - 2y, C = \dfrac{\partial^2 z}{\partial y^2} = -2x.$$

在点 $(0,0),(0,3),(3,0)$ 处 $AC - B^2 < 0$,无极值.在点 $(1,1)$ 处 $AC - B^2 > 0$,则 $(1,1)$ 是极值点,故应选(D).

例 2 (2011 年 1) 设函数 $f(x)$ 具有二阶连续导数,且 $f(x) > 0, f'(0) = 0$,则函数 $z = f(x)\ln f(y)$ 在点 $(0,0)$ 处取得极小值的一个充分条件是(　　)

(A)$f(0) > 1, f''(0) > 0$.　　　　(B)$f(0) > 1, f''(0) < 0$.

(C)$f(0) < 1, f''(0) > 0$.　　　　(D)$f(0) < 1, f''(0) < 0$.

【答案】 A

【分析】 由 $z = f(x)\ln f(y)$ 知

$$\dfrac{\partial z}{\partial x} = f'(x)\ln f(y), \dfrac{\partial z}{\partial y} = f(x)\dfrac{f'(y)}{f(y)},$$

$$\dfrac{\partial^2 z}{\partial x^2} = f''(x)\ln f(y),$$

$$\dfrac{\partial^2 z}{\partial x \partial y} = \dfrac{f'(x)f'(y)}{f(y)},$$

$$\dfrac{\partial^2 z}{\partial y^2} = f(x)\dfrac{f''(y)f(y) - [f'(y)]^2}{[f(y)]^2}.$$

在点 $(0,0)$ 处,$A = f''(0)\ln f(0), B = 0, C = f''(0)$,所以当 $f(0) > 1$ 且 $f''(0) > 0$ 时,$AC - B^2 = [f''(0)]^2 \ln f(0) > 0, A = f''(0)\ln f(0) > 0$,这时 $z = f(x)\ln f(y)$ 在点 $(0,0)$ 处取极小值.故选(A).

例 3 (2009 年 2) 设函数 $z = f(x,y)$ 的全微分为 $\mathrm{d}z = x\mathrm{d}x + y\mathrm{d}y$,则点 $(0,0)$(　　)

(A) 不是 $f(x,y)$ 的连续点.　　　　(B) 不是 $f(x,y)$ 的极值点.

(C) 是 $f(x,y)$ 的极大值点.　　　　(D) 是 $f(x,y)$ 的极小值点.

【答案】 D

【分析一】 **直接法**

由 $\mathrm{d}z = x\mathrm{d}x + y\mathrm{d}y$ 知,$\dfrac{\partial z}{\partial x} = x, \dfrac{\partial z}{\partial y} = y$,显然 $(0,0)$ 是驻点,又

$$A = \dfrac{\partial^2 z}{\partial x^2}\bigg|_{(0,0)} = 1, B = \dfrac{\partial^2 z}{\partial x \partial y}\bigg|_{(0,0)} = 0, C = \dfrac{\partial^2 z}{\partial y^2}\bigg|_{(0,0)} = 1.$$

则 $AC - B^2 = 1 > 0$,又 $A = 1 > 0$,则 $(0,0)$ 是 $f(x,y)$ 的极小值点.故应选(D).

【分析二】 **排除法**

令 $f(x,y)=\dfrac{1}{2}(x^2+y^2)$,则 $\mathrm{d}z=x\mathrm{d}x+y\mathrm{d}y$,显然 $f(x,y)$ 在 $(0,0)$ 点处连续且取极小值,则排除(A)(B)(C).故应选(D).

例 4 (2003 年 1)已知函数 $f(x,y)$ 在点 $(0,0)$ 的某个邻域内连续且 $\lim\limits_{\substack{x\to 0\\ y\to 0}}\dfrac{f(x,y)-xy}{(x^2+y^2)^2}=1$,则(   )

(A) 点 $(0,0)$ 不是 $f(x,y)$ 的极值点.

(B) 点 $(0,0)$ 是 $f(x,y)$ 的极大值点.

(C) 点 $(0,0)$ 是 $f(x,y)$ 的极小值点.

(D) 根据所给条件无法判断 $(0,0)$ 是否为 $f(x,y)$ 的极值点.

【答案】 A

【分析】 由题设知 $f(0,0)=0$,且
$$\frac{f(x,y)-xy}{(x^2+y^2)^2}=1+\alpha(其中\lim\limits_{\substack{x\to 0\\ y\to 0}}\alpha=0),$$
则 $f(x,y)=xy+(x^2+y^2)^2(1+\alpha)$.

令 $y=x$,则 $f(x,x)=x^2+o(x^2)$.令 $y=-x$,则 $f(x,-x)=-x^2+o(x^2)$.

由此可知在 $(0,0)$ 点任何去心邻域内 $f(x,y)$ 可正,可负,由极值定义知 $f(x,y)$ 在 $(0,0)$ 点无极值,故应选(A).

例 5 (2014 年 2)设函数 $u(x,y)$ 在有界闭区域 D 上连续,在 D 的内部具有二阶连续偏导数,且满足 $\dfrac{\partial^2 u}{\partial x\partial y}\neq 0$ 及 $\dfrac{\partial^2 u}{\partial x^2}+\dfrac{\partial^2 u}{\partial y^2}=0$,则(   )

(A)$u(x,y)$ 的最大值和最小值都在 D 的边界上取得.

(B)$u(x,y)$ 的最大值和最小值都在 D 的内部取得.

(C)$u(x,y)$ 的最大值在 D 的内部取得,最小值在 D 的边界上取得.

(D)$u(x,y)$ 的最小值在 D 的内部取得,最大值在 D 的边界上取得.

【答案】 A

【分析】 由于 $u(x,y)$ 在有界闭区域 D 上连续,因此,在 D 上 $u(x,y)$ 必存在最大值和最小值.如果 $u(x,y)$ 的最大值或最小值在 D 的内部某点 (x_0,y_0) 取得,该点必为极值点,由题设 $\dfrac{\partial^2 u}{\partial x\partial y}\neq 0$ 及 $\dfrac{\partial^2 u}{\partial x^2}+\dfrac{\partial^2 u}{\partial y^2}=0$ 知,$B\neq 0,AC\leqslant 0$,则 $AC-B^2<0$,这表明 (x_0,y_0) 不是极值点,即 $u(x,y)$ 的最大值或最小值不可能在 D 的内部取得,只能在 D 的边界上取得.故选(A).

例 6 (2022 年 1)当 $x\geqslant 0,y\geqslant 0$ 时,$x^2+y^2\leqslant k\mathrm{e}^{x+y}$ 恒成立,则 k 的取值范围是_____.

【答案】 $k\geqslant\dfrac{4}{\mathrm{e}^2}$

【分析】 $x^2+y^2\leqslant k\mathrm{e}^{x+y}$ 等价于 $(x^2+y^2)\mathrm{e}^{-(x+y)}\leqslant k$.

令 $f(x,y)=(x^2+y^2)\mathrm{e}^{-(x+y)}$ $(x\geqslant 0,y\geqslant 0)$,以下求 $f(x,y)$ 在 $x\geqslant 0,y\geqslant 0$ 上的最大值.

$$\begin{cases} f'_x=\mathrm{e}^{-(x+y)}(2x-x^2-y^2)=0,\\ f'_y=\mathrm{e}^{-(x+y)}(2y-x^2-y^2)=0, \end{cases}$$

解得驻点$(1,1),f(1,1)=\dfrac{2}{e^2}$.

$$f(x,0)=x^2 e^{-x} \quad (x\geqslant 0),$$
$$f'_x(x,0)=(2x-x^2)e^{-x}=0,$$

得$x=2$或$x=0,f(2,0)=\dfrac{4}{e^2},f(0,0)=0$.

又$\lim\limits_{\substack{x\to+\infty\\y\to+\infty}}f(x,y)=0$,则$f(x,y)$在$x\geqslant 0,y\geqslant 0$上的最大值为$\dfrac{4}{e^2}$,则$k$的取值范围为$k\geqslant\dfrac{4}{e^2}$.

练习题

1. 设$f(x,y)$在点$(0,0)$处连续,且$\lim\limits_{(x,y)\to(0,0)}\dfrac{f(x,y)-f(0,0)}{e^{x^2+y^2}-1}=2$,则下列结论不正确的是( )

   (A)$f'_x(0,0),f'_y(0,0)$都存在.　　　　(B)$f'_x(0,0)=f'_y(0,0)=0$.

   (C)$f(x,y)$在$(0,0)$处可微.　　　　(D)$f(x,y)$在点$(0,0)$处取极大值.

2. 已知函数$f(x,y)$在点$(0,0)$某邻域内连续,且$\lim\limits_{\substack{x\to 0\\y\to 0}}\dfrac{f(x,y)-\sin(xy)}{\sqrt{x^2+y^2}}=1$,则( )

   (A) 点$(0,0)$不是$f(x,y)$的极值点.

   (B) 点$(0,0)$是$f(x,y)$的极大值点.

   (C) 点$(0,0)$是$f(x,y)$的极小值点.

   (D) 根据所给条件无法判断点$(0,0)$是否为$f(x,y)$的极值点.

3. 设$z=f(x,y)$在(x_0,y_0)处取极大值,那么在(x_0,y_0)点有( )

   (A)$f'_x=f'_y=0$.　　　　(B) $f''_{xx}f''_{yy}-(f''_{xy})^2>0$且$f''_{xx}<0$.

   (C)$f(x_0,y)$在y_0处取极大值.　　　　(D) 前面的结论可能都不对.

4. 设$F(x,y)$具有二阶连续偏导数,且$F(x_0,y_0)=0,F'_x(x_0,y_0)=0,F'_y(x_0,y_0)>0$. 若一元函数$y=y(x)$是由方程$F(x,y)=0$所确定的在点$(x_0,y_0)$附近的隐函数,则$x_0$是函数$y=y(x)$的极小值点的一个充分条件是( )

   (A)$F''_{xx}(x_0,y_0)>0$.　　　　(B)$F''_{xx}(x_0,y_0)<0$.

   (C)$F''_{yy}(x_0,y_0)>0$.　　　　(D)$F''_{yy}(x_0,y_0)<0$.

答案

　　1. D；　2. C；　3. C；　4. B.

第六章 多元函数积分学
—— 二重积分

一、累次积分交换次序及计算

常用方法

1. 累次积分交换次序

（1）画积分区域；   （2）重新定限.

2. 累次积分计算

交换次序.

例 1 （2009 年 2）设函数 $f(x,y)$ 连续,则 $\int_1^2 \mathrm{d}x \int_x^2 f(x,y)\mathrm{d}y + \int_1^2 \mathrm{d}y \int_y^{4-y} f(x,y)\mathrm{d}x = （\quad）$

(A) $\int_1^2 \mathrm{d}x \int_1^{4-x} f(x,y)\mathrm{d}y.$ (B) $\int_1^2 \mathrm{d}x \int_x^{4-x} f(x,y)\mathrm{d}y.$

(C) $\int_1^2 \mathrm{d}y \int_y^{4-y} f(x,y)\mathrm{d}x.$ (D) $\int_1^2 \mathrm{d}y \int_y^2 f(x,y)\mathrm{d}x.$

思考 & 笔记

【答案】 C

例 2 （2007 年 2,3）设函数 $f(x,y)$ 连续,则二次积分 $\int_{\frac{\pi}{2}}^{\pi} \mathrm{d}x \int_{\sin x}^1 f(x,y)\mathrm{d}y = （\quad）$

(A) $\int_0^1 \mathrm{d}y \int_{\pi+\arcsin y}^{\pi} f(x,y)\mathrm{d}x.$ (B) $\int_0^1 \mathrm{d}y \int_{\pi-\arcsin y}^{\pi} f(x,y)\mathrm{d}x.$

(C) $\int_0^1 \mathrm{d}y \int_{\frac{\pi}{2}}^{\pi+\arcsin y} f(x,y)\mathrm{d}x.$ (D) $\int_0^1 \mathrm{d}y \int_{\frac{\pi}{2}}^{\pi-\arcsin y} f(x,y)\mathrm{d}x.$

思考 & 笔记

【答案】 B

例 **3** (2024 年 2,3) 设 $f(x,y)$ 是连续函数,则 $\int_{\frac{\pi}{6}}^{\frac{\pi}{2}} \mathrm{d}x \int_{\sin x}^{1} f(x,y)\mathrm{d}y = ($)

(A) $\int_{\frac{1}{2}}^{1} \mathrm{d}y \int_{\frac{\pi}{6}}^{\arcsin y} f(x,y)\mathrm{d}x.$

(B) $\int_{\frac{1}{2}}^{1} \mathrm{d}y \int_{\arcsin y}^{\frac{\pi}{2}} f(x,y)\mathrm{d}x.$

(C) $\int_{0}^{\frac{1}{2}} \mathrm{d}y \int_{\frac{\pi}{6}}^{\arcsin y} f(x,y)\mathrm{d}x.$

(D) $\int_{0}^{\frac{1}{2}} \mathrm{d}y \int_{\arcsin y}^{\frac{\pi}{2}} f(x,y)\mathrm{d}x.$

思考 & 笔记

【答案】 A

例 **4** (2014 年 1) 设 $f(x,y)$ 是连续函数,则 $\int_{0}^{1} \mathrm{d}y \int_{-\sqrt{1-y^2}}^{1-y} f(x,y)\mathrm{d}x = ($)

(A) $\int_{0}^{1} \mathrm{d}x \int_{0}^{x-1} f(x,y)\mathrm{d}y + \int_{-1}^{0} \mathrm{d}x \int_{0}^{\sqrt{1-x^2}} f(x,y)\mathrm{d}y.$

(B) $\int_{0}^{1} \mathrm{d}x \int_{0}^{1-x} f(x,y)\mathrm{d}y + \int_{-1}^{0} \mathrm{d}x \int_{-\sqrt{1-x^2}}^{0} f(x,y)\mathrm{d}y.$

(C) $\int_{0}^{\frac{\pi}{2}} \mathrm{d}\theta \int_{0}^{\frac{1}{\cos\theta+\sin\theta}} f(r\cos\theta, r\sin\theta)\mathrm{d}r + \int_{\frac{\pi}{2}}^{\pi} \mathrm{d}\theta \int_{0}^{1} f(r\cos\theta, r\sin\theta)\mathrm{d}r.$

(D) $\int_{0}^{\frac{\pi}{2}} \mathrm{d}\theta \int_{0}^{\frac{1}{\cos\theta+\sin\theta}} f(r\cos\theta, r\sin\theta)r\mathrm{d}r + \int_{\frac{\pi}{2}}^{\pi} \mathrm{d}\theta \int_{0}^{1} f(r\cos\theta, r\sin\theta)r\mathrm{d}r.$

思考 & 笔记

【答案】　D

例 **5**　（2012 年 3）设函数 $f(t)$ 连续，则二次积分 $\int_0^{\frac{\pi}{2}} d\theta \int_{2\cos\theta}^2 f(r^2) r dr = ($　　$)$

(A) $\int_0^2 dx \int_{\sqrt{2x-x^2}}^{\sqrt{4-x^2}} \sqrt{x^2+y^2} f(x^2+y^2) dy.$　(B) $\int_0^2 dx \int_{\sqrt{2x-x^2}}^{\sqrt{4-x^2}} f(x^2+y^2) dy.$

(C) $\int_0^2 dy \int_{1+\sqrt{1-y^2}}^{\sqrt{4-y^2}} \sqrt{x^2+y^2} f(x^2+y^2) dx.$　(D) $\int_0^2 dy \int_{1+\sqrt{1-y^2}}^{\sqrt{4-y^2}} f(x^2+y^2) dx.$

思考 & 笔记

【答案】　B

例 **6**　$\int_0^1 dy \int_y^1 x \sqrt{2xy - y^2} dx = $ _____ .

【答案】　$\dfrac{\pi}{16}$

【分析】　交换积分次序得

$$\text{原式} = \int_0^1 dx \int_0^x x \sqrt{2xy - y^2} dy$$

$$= \frac{\pi}{4} \int_0^1 x^3 dx \quad （定积分几何意义）$$

$$= \frac{\pi}{16}.$$

【注】 本题中用到结论：$\int_0^a \sqrt{2ax - x^2}\,\mathrm{d}x = \dfrac{\pi a^2}{4}(a > 0)$，这个定积分的几何意义是半径为 a 的偏心圆 $x^2 + y^2 \leqslant 2ax$ 面积的 $\dfrac{1}{4}$.

例 7 $\int_0^1 \mathrm{d}y \int_y^1 (\sqrt{1 + x^2} + \sqrt{x^2 + y^2})\,\mathrm{d}x = $ _____.

【答案】 $\dfrac{1}{6}\left[5\sqrt{2} + \ln(1 + \sqrt{2}) - 2\right]$

【分析】 原式 $= \displaystyle\int_0^1 \mathrm{d}x \int_0^x \sqrt{1 + x^2}\,\mathrm{d}y + \int_0^1 \mathrm{d}x \int_0^x \sqrt{x^2 + y^2}\,\mathrm{d}y$

$$= \int_0^1 x\sqrt{1 + x^2}\,\mathrm{d}x + \int_0^{\frac{\pi}{4}} \mathrm{d}\theta \int_0^{\frac{1}{\cos\theta}} r^2\,\mathrm{d}r$$

$$= \frac{1}{3}(2\sqrt{2} - 1) + \frac{1}{3}\int_0^{\frac{\pi}{4}} \sec^3\theta\,\mathrm{d}\theta$$

$$= \frac{1}{3}(2\sqrt{2} - 1) + \frac{1}{6}\left[\sec\theta\tan\theta + \ln(\sec\theta + \tan\theta)\right]\Big|_0^{\frac{\pi}{4}}$$

$$= \frac{1}{3}(2\sqrt{2} - 1) + \frac{1}{6}\left[\sqrt{2} + \ln(1 + \sqrt{2})\right]$$

$$= \frac{1}{6}\left[5\sqrt{2} + \ln(1 + \sqrt{2}) - 2\right].$$

例 8 (2021 年 2) 已知函数 $f(t) = \displaystyle\int_1^{t^2} \mathrm{d}x \int_{\sqrt{x}}^t \sin\frac{x}{y}\,\mathrm{d}y$，则 $f'\left(\dfrac{\pi}{2}\right) = $ _____.

【答案】 $\dfrac{\pi}{2}\cos\dfrac{2}{\pi}$

【分析】 交换积分次序得 $\quad f(t) = \displaystyle\int_1^t \mathrm{d}y \int_1^{y^2} \sin\frac{x}{y}\,\mathrm{d}x.$

求导得 $\quad f'(t) = \displaystyle\int_1^{t^2} \sin\frac{x}{t}\,\mathrm{d}x = -t\cos\frac{x}{t}\Big|_1^{t^2} = t\cos\frac{1}{t} - t\cos t.$

故 $\quad f'\left(\dfrac{\pi}{2}\right) = \dfrac{\pi}{2}\cos\dfrac{2}{\pi}.$

例 9 (2022 年 3) 已知函数 $f(x) = \begin{cases} \mathrm{e}^x, & 0 \leqslant x \leqslant 1 \\ 0, & \text{其他} \end{cases}$，则 $\displaystyle\int_{-\infty}^{+\infty} \mathrm{d}x \int_{-\infty}^{+\infty} f(x)f(y - x)\,\mathrm{d}y = $ _____.

【答案】 $(\mathrm{e} - 1)^2$

【分析】 由题设知，在由 $x = 0, x = 1, y = x, y = x + 1$ 围成的区域 D 上

$$f(x)f(y - x) = \mathrm{e}^x \cdot \mathrm{e}^{y-x} = \mathrm{e}^y,$$

其余处 $f(x)f(y - x) = 0$，则

$$\int_{-\infty}^{+\infty} \mathrm{d}x \int_{-\infty}^{+\infty} f(x)f(y - x)\,\mathrm{d}y = \int_0^1 \mathrm{d}x \int_x^{x+1} \mathrm{e}^y\,\mathrm{d}y$$

$$= \int_0^1 (\mathrm{e}^{x+1} - \mathrm{e}^x)\,\mathrm{d}x$$

$$= (\mathrm{e} - 1)^2.$$

练习题

1. (2015 年 1,2) 设 D 是第一象限中由曲线 $2xy = 1, 4xy = 1$ 与直线 $y = x, y = \sqrt{3}x$ 围成的平面区域,函数 $f(x,y)$ 在 D 上连续,则 $\iint\limits_{D} f(x,y) \mathrm{d}x\mathrm{d}y = ($ $)$

(A) $\displaystyle\int_{\frac{\pi}{4}}^{\frac{\pi}{3}} \mathrm{d}\theta \int_{\frac{1}{2\sin 2\theta}}^{\frac{1}{\sin 2\theta}} f(r\cos\theta, r\sin\theta) r \mathrm{d}r.$ (B) $\displaystyle\int_{\frac{\pi}{4}}^{\frac{\pi}{3}} \mathrm{d}\theta \int_{\frac{1}{\sqrt{2\sin 2\theta}}}^{\frac{1}{\sqrt{\sin 2\theta}}} f(r\cos\theta, r\sin\theta) r \mathrm{d}r.$

(C) $\displaystyle\int_{\frac{\pi}{4}}^{\frac{\pi}{3}} \mathrm{d}\theta \int_{\frac{1}{2\sin 2\theta}}^{\frac{1}{\sin 2\theta}} f(r\cos\theta, r\sin\theta) \mathrm{d}r.$ (D) $\displaystyle\int_{\frac{\pi}{4}}^{\frac{\pi}{3}} \mathrm{d}\theta \int_{\frac{1}{\sqrt{2\sin 2\theta}}}^{\frac{1}{\sqrt{\sin 2\theta}}} f(r\cos\theta, r\sin\theta) \mathrm{d}r.$

2. 累次积分 $\displaystyle\int_{\frac{\pi}{4}}^{\frac{\pi}{2}} \mathrm{d}\theta \int_{0}^{2\sin\theta} f(r\cos\theta, r\sin\theta) r \mathrm{d}r$ 等于(   )

(A) $\displaystyle\int_{0}^{2} \mathrm{d}y \int_{0}^{\sqrt{2y-y^2}} f(x,y) \mathrm{d}x.$ (B) $\displaystyle\int_{0}^{1} \mathrm{d}y \int_{y}^{\sqrt{2y-y^2}} f(x,y) \mathrm{d}x.$

(C) $\displaystyle\int_{0}^{1} \mathrm{d}x \int_{x}^{2} f(x,y) \mathrm{d}y.$ (D) $\displaystyle\int_{0}^{1} \mathrm{d}x \int_{x}^{1+\sqrt{1-x^2}} f(x,y) \mathrm{d}y.$

3. (2017 年 2) $\displaystyle\int_{0}^{1} \mathrm{d}y \int_{y}^{1} \frac{\tan x}{x} \mathrm{d}x = $ _____.

4. (2000 年 2) $\displaystyle\int_{0}^{1} \mathrm{d}y \int_{\sqrt{y}}^{1} \sqrt{x^3 + 1} \mathrm{d}x = $ _____.

5. $\displaystyle\int_{0}^{2} \mathrm{d}x \int_{0}^{\sqrt{2x-x^2}} (xy + \sqrt{x^2 + y^2}) \mathrm{d}y = $ _____.

6. (2004 年 1) 设 $f(x)$ 为连续函数,$F(t) = \displaystyle\int_{1}^{t} \mathrm{d}y \int_{y}^{t} f(x) \mathrm{d}x$,则 $F'(2) = ($ $)$

(A) $2f(2).$ (B) $f(2).$ (C) $-f(2).$ (D) $0.$

7. 已知 $\lim\limits_{t \to 0^+} \dfrac{\int_0^t \mathrm{d}x \int_t^x e^{-y^2}\,\mathrm{d}y}{t^\alpha} = \beta \neq 0$，则（　　）

(A)$\alpha = 1, \beta = \dfrac{1}{2}$.　　　　　　　　(B)$\alpha = 2, \beta = \dfrac{1}{2}$.

(C)$\alpha = 2, \beta = -\dfrac{1}{2}$.　　　　　　　(D)$\alpha = 3, \beta = -\dfrac{1}{2}$.

.

1. B;　2. D;　3. $-\ln(\cos 1)$;　4. $\dfrac{2}{9}(2\sqrt{2}-1)$;　5. $\dfrac{22}{9}$;　6. B;　7. C.

二、二重积分计算

常用方法

(1) 直角坐标;　　(2) 极坐标;　　(3) 奇偶性及对称性.

例 1　(2005 年 2) 设区域 $D = \{(x,y) \mid x^2 + y^2 \leqslant 4, x \geqslant 0, y \geqslant 0\}$，$f(x)$ 为 D 上的

正值连续函数，a, b 为常数，则 $\iint\limits_{D} \dfrac{a\sqrt{f(x)} + b\sqrt{f(y)}}{\sqrt{f(x)} + \sqrt{f(y)}}\,\mathrm{d}\sigma = （　　）$

(A)$ab\pi$.　　　(B)$\dfrac{ab}{2}\pi$.　　　(C)$(a+b)\pi$.　　　(D)$\dfrac{a+b}{2}\pi$.

【答案】 D

【分析一】 直接法

由于积分域 D 关于 $y = x$ 对称，则

$$\iint\limits_{D} \dfrac{a\sqrt{f(x)} + b\sqrt{f(y)}}{\sqrt{f(x)} + \sqrt{f(y)}}\,\mathrm{d}\sigma = \iint\limits_{D} \dfrac{a\sqrt{f(y)} + b\sqrt{f(x)}}{\sqrt{f(y)} + \sqrt{f(x)}}\,\mathrm{d}\sigma.$$

$$\text{原式} = \dfrac{1}{2}\left[\iint\limits_{D} \dfrac{a\sqrt{f(x)} + b\sqrt{f(y)}}{\sqrt{f(x)} + \sqrt{f(y)}}\,\mathrm{d}\sigma + \iint\limits_{D} \dfrac{a\sqrt{f(y)} + b\sqrt{f(x)}}{\sqrt{f(y)} + \sqrt{f(x)}}\,\mathrm{d}\sigma\right]$$

$$= \dfrac{1}{2}\iint\limits_{D}(a+b)\,\mathrm{d}\sigma$$

$$= \dfrac{a+b}{2}\pi.$$

故应选(D).

【分析二】 排除法

令 $f(x) = 1$，则

$$\iint\limits_{D} \dfrac{a\sqrt{f(x)} + b\sqrt{f(y)}}{\sqrt{f(x)} + \sqrt{f(y)}}\,\mathrm{d}\sigma = \iint\limits_{D} \dfrac{a+b}{2}\,\mathrm{d}\sigma = \dfrac{a+b}{2}\pi.$$

则排除(A)(B)(C)，故应选(D).

【分析三】

思考 & 笔记

例 2　（2012 年 2）设区域 D 由曲线 $y = \sin x, x = \pm \dfrac{\pi}{2}, y = 1$ 围成,则$\displaystyle\iint_D (xy^5 - 1)\mathrm{d}x\mathrm{d}y = (\quad)$

(A)π.　　　　　(B)2.　　　　　(C)-2.　　　　　(D)$-\pi$.

思考 & 笔记

【答案】 D

例 3　（2008 年 3）设 $D = \{(x,y) \mid x^2 + y^2 \leqslant 1\}$,则$\displaystyle\iint_D (x^2 - y)\mathrm{d}x\mathrm{d}y = \underline{\qquad}$.

【答案】 $\dfrac{\pi}{4}$

【分析】　由于积分区域 D 关于 x 轴对称,则$\displaystyle\iint_D y\mathrm{d}\sigma = 0$.

由于积分区域 D 关于 $y = x$ 对称,则

$$\iint_D x^2\mathrm{d}\sigma = \iint_D y^2\mathrm{d}\sigma,$$

$$\iint_D x^2\mathrm{d}\sigma = \frac{1}{2}\iint_D (x^2 + y^2)\mathrm{d}\sigma$$

$$= \frac{1}{2}\int_0^{2\pi}\mathrm{d}\theta\int_0^1 r^3\mathrm{d}r$$

$$= \frac{\pi}{4}.$$

例 **4** (2016 年 3) 设 $D = \{(x,y) \mid |x| \leqslant y \leqslant 1, -1 \leqslant x \leqslant 1\}$，则 $\iint\limits_{D} x^2 e^{-y^2} \mathrm{d}x\mathrm{d}y =$ _____．

【答案】 $\dfrac{1}{3} - \dfrac{2}{3e}$

【分析】 注意到积分区域关于 y 轴对称和被积函数关于变量 x 是偶函数，设

$$D_1 = \{(x,y) \mid x \leqslant y \leqslant 1, 0 \leqslant x \leqslant 1\}.$$

则

$$\iint\limits_{D} x^2 e^{-y^2} \mathrm{d}x\mathrm{d}y = 2\iint\limits_{D_1} x^2 e^{-y^2} \mathrm{d}x\mathrm{d}y = 2\int_0^1 \mathrm{d}y \int_0^y x^2 e^{-y^2} \mathrm{d}x$$

$$= \frac{2}{3}\int_0^1 y^3 e^{-y^2} \mathrm{d}y = \frac{1}{3}\int_0^1 y^2 e^{-y^2} \mathrm{d}y^2$$

$$= \frac{1}{3}\int_0^1 t e^{-t} \mathrm{d}t = \frac{1}{3} - \frac{2}{3e}.$$

练习题

1. (2011 年 2) 设平面区域 D 由直线 $y = x$，圆 $x^2 + y^2 = 2y$ 及 y 轴所围成，则二重积分 $\iint\limits_{D} xy\mathrm{d}\sigma =$ _____．

2. 设平面区域 D 由 $x^2 + y^2 = y$ 所围成，则二重积分 $\iint\limits_{D} |xy| \mathrm{d}\sigma =$ _____．

3. 设平面区域 D 由 $x^2 + y^2 = 2x + 2y$ 所围成，则二重积分 $\iint\limits_{D} (x^2 + xy + y^2)\mathrm{d}\sigma =$ _____．

4. 设 $D = \{(x,y) \mid 0 \leqslant x \leqslant 1, 0 \leqslant y \leqslant 1\}$，则 $\iint\limits_{D} \dfrac{\mathrm{d}x\mathrm{d}y}{\sqrt{x^2 + y^2}} =$ _____．

5. 设 $D = \{(x,y) \mid 0 \leqslant x \leqslant 2, 0 \leqslant y \leqslant 2\}$，则 $\iint\limits_{D} \max\{xy, 1\}\mathrm{d}x\mathrm{d}y =$ _____．

6. (2008 年 3) 设 $f(x)$ 是连续的奇函数, $g(x)$ 是连续的偶函数, 区域

$$D = \{(x, y) \mid 0 \leqslant x \leqslant 1, -\sqrt{x} \leqslant y \leqslant \sqrt{x}\},$$

则以下结论正确的是(　　)

(A) $\iint\limits_{D} f(y) g(x) \mathrm{d}x\mathrm{d}y = 0$.　　　　　(B) $\iint\limits_{D} f(x) g(y) \mathrm{d}x\mathrm{d}y = 0$.

(C) $\iint\limits_{D} [f(x) + g(y)] \mathrm{d}x\mathrm{d}y = 0$.　　　(D) $\iint\limits_{D} [f(y) + g(x)] \mathrm{d}x\mathrm{d}y = 0$.

答　案

1. $\dfrac{7}{12}$;　2. $\dfrac{1}{12}$;　3. 8π;　4. $2\ln(1+\sqrt{2})$;　5. $\dfrac{19}{4} + \ln 2$;　6. A.

三、二重积分比较大小

常用方法

不等式性质

若在 D 上 $f(x, y) \leqslant g(x, y)$, 则 $\iint\limits_{D} f(x, y) \mathrm{d}\sigma \leqslant \iint\limits_{D} g(x, y) \mathrm{d}\sigma$.

例 1　(2019 年 2) 已知平面域 $D = \{(x, y) \mid |x| + |y| \leqslant \dfrac{\pi}{2}\}$, 记 $I_1 = \iint\limits_{D} \sqrt{x^2 + y^2} \mathrm{d}x\mathrm{d}y$,

$I_2 = \iint\limits_{D} \sin\sqrt{x^2 + y^2} \mathrm{d}x\mathrm{d}y$, $I_3 = \iint\limits_{D} (1 - \cos\sqrt{x^2 + y^2}) \mathrm{d}x\mathrm{d}y$, 则(　　)

(A) $I_3 < I_2 < I_1$.　　　　　　(B) $I_2 < I_1 < I_3$.

(C) $I_1 < I_2 < I_3$.　　　　　　(D) $I_2 < I_3 < I_1$.

【答案】　A

【分析一】　令 $\sqrt{x^2 + y^2} = r (0 \leqslant r \leqslant \dfrac{\pi}{2})$, 只要比较 $r, \sin r, 1 - \cos r$ 的大小.

显然 $\sin r < r$, 又 $\sin r \geqslant \sin^2 r = 1 - \cos^2 r \geqslant 1 - \cos r$, 则 $I_3 < I_2 < I_1$.

故应选(A).

【分析二】

思 考 & 笔 记

例 **2** （2013 年 2,3）设 D_k 是圆域 $D = \{(x,y) \mid x^2 + y^2 \leqslant 1\}$ 在第 k 象限的部分,记
$I_k = \iint\limits_{D_k} (y-x)\mathrm{d}x\mathrm{d}y(k = 1,2,3,4)$,则（　　）

(A)$I_1 > 0$.　　　　(B)$I_2 > 0$.　　　　(C)$I_3 > 0$.　　　　(D)$I_4 > 0$.

思 考 & 笔 记

【答案】 B

例 **3** （2016 年 3）设 $J_i = \iint\limits_{D_i} \sqrt[3]{x-y}\mathrm{d}x\mathrm{d}y(i = 1,2,3)$,其中 $D_1 = \{(x,y) \mid 0 \leqslant x \leqslant 1,$ $0 \leqslant y \leqslant 1\}$,$D_2 = \{(x,y) \mid 0 \leqslant x \leqslant 1, 0 \leqslant y \leqslant \sqrt{x}\}$,$D_3 = \{(x,y) \mid 0 \leqslant x \leqslant 1, x^2 \leqslant y \leqslant 1\}$,则（　　）

(A)$J_1 < J_2 < J_3$.　　　　　　(B)$J_3 < J_1 < J_2$.

(C)$J_2 < J_3 < J_1$.　　　　　　(D)$J_2 < J_1 < J_3$.

思 考 & 笔 记

【答案】 B

练习题

1. (2009 年 1) 如右图，正方形 $\{(x,y) \mid |x| \leqslant 1, |y| \leqslant 1\}$ 被其对角线划分为四个区域 $D_k(k=1,2,3,4)$，$I_k = \iint\limits_{D_k} y\cos x \mathrm{d}x\mathrm{d}y$，则

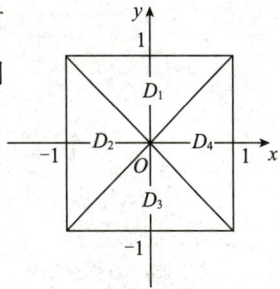

$\max\limits_{1 \leqslant k \leqslant 4}\{I_k\} = ($　　$)$

(A)I_1.　　　　　　　　　　　　(B)I_2.

(C)I_3.　　　　　　　　　　　　(D)I_4.

2. (2005 年 3) 设 $I_1 = \iint\limits_{D} \cos\sqrt{x^2+y^2}\,\mathrm{d}\sigma$，$I_2 = \iint\limits_{D} \cos(x^2+y^2)\mathrm{d}\sigma$，$I_3 = \iint\limits_{D} \cos(x^2+y^2)^2\mathrm{d}\sigma$，其中 $D = \{(x,y) \mid x^2+y^2 \leqslant 1\}$，则($\quad$)

(A)$I_3 > I_2 > I_1$.　　　　　　　(B)$I_1 > I_2 > I_3$.

(C)$I_2 > I_1 > I_3$.　　　　　　　(D)$I_3 > I_1 > I_2$.

3. 设 $0 < a < 1$，区域 D 由 x 轴，y 轴，直线 $x+y=a$ 及 $x+y=1$ 所围成，

$$I = \iint\limits_{D} \sin^2(x+y)\mathrm{d}\sigma, J = \iint\limits_{D} \ln^3(x+y)\mathrm{d}\sigma, K = \iint\limits_{D} (x+y)\mathrm{d}\sigma,$$

则($\quad$)

(A)$I < K < J$.　　　　　　　　　(B) $K < J < I$.

(C)$I < J < K$.　　　　　　　　　(D) $J < I < K$.

答　案

1. A；　2. A；　3. D.

第七章　无穷级数^{（仅数一、数三要求）}

一、常数项级数

常用方法

1. 定义

2. 性质

3. 正项级数（比较法，比较法的极限形式，比值法，根值法，积分判别法）

4. 交错级数（莱布尼茨准则）

5. 任意项级数（若 $\sum\limits_{n=1}^{\infty} |a_n|$ 收敛，则 $\sum\limits_{n=1}^{\infty} a_n$ 收敛）

例 1　（2019 年 1）设 $\{u_n\}$ 是单调增加的有界数列，则下列级数中收敛的是（　　）

(A) $\sum\limits_{n=1}^{\infty} \dfrac{u_n}{n}$.　　(B) $\sum\limits_{n=1}^{\infty} (-1)^n \dfrac{1}{u_n}$.　　(C) $\sum\limits_{n=1}^{\infty} \left(1 - \dfrac{u_n}{u_{n+1}}\right)$.　　(D) $\sum\limits_{n=1}^{\infty} (u_{n+1}^2 - u_n^2)$.

【答案】 D

【分析一】　**直接法**

级数 $\sum\limits_{n=1}^{\infty} (u_{n+1}^2 - u_n^2)$ 的部分和数列为

$$S_n = (u_2^2 - u_1^2) + (u_3^2 - u_2^2) + \cdots + (u_{n+1}^2 - u_n^2) = u_{n+1}^2 - u_1^2.$$

由于 $\{u_n\}$ 是单调增加的有界数列，则极限 $\lim\limits_{n \to \infty} u_n$ 存在，从而极限 $\lim\limits_{n \to \infty} u_{n+1}^2$ 存在，即 $\lim\limits_{n \to \infty} S_n$ 存在，故级数 $\sum\limits_{n=1}^{\infty} (u_{n+1}^2 - u_n^2)$ 收敛，选 (D).

【分析二】　**排除法**

取 $u_n = 1 - \dfrac{1}{n}$，则 $\{u_n\}$ 是单调增加的有界数列，且 $\lim\limits_{n \to \infty} u_n = 1$，这时级数 $\sum\limits_{n=1}^{\infty} \dfrac{u_n}{n}$ 与 $\sum\limits_{n=1}^{\infty} (-1)^n \dfrac{1}{u_n}$ 都发散，则排除 (A)(B).

取 $u_n = -\dfrac{1}{n}$，则 $\{u_n\}$ 是单调增加的有界数列，且 $1 - \dfrac{u_n}{u_{n+1}} = -\dfrac{1}{n}$，这时级数 $\sum\limits_{n=1}^{\infty} \left(1 - \dfrac{u_n}{u_{n+1}}\right)$ 发散，则排除 (C)，故应选 (D).

例 2　（2019 年 3）若 $\sum\limits_{n=1}^{\infty} nu_n$ 绝对收敛，$\sum\limits_{n=1}^{\infty} \dfrac{v_n}{n}$ 条件收敛，则（　　）

(A) $\sum\limits_{n=1}^{\infty} u_n v_n$ 条件收敛.　　　　　(B) $\sum\limits_{n=1}^{\infty} u_n v_n$ 绝对收敛.

(C) $\sum\limits_{n=1}^{\infty} (u_n + v_n)$ 收敛.　　　　　(D) $\sum\limits_{n=1}^{\infty} (u_n + v_n)$ 发散.

【答案】 B

【分析一】 **直接法**

由于级数 $\sum\limits_{n=1}^{\infty} \dfrac{v_n}{n}$ 条件收敛，则 $\lim\limits_{n \to \infty} \dfrac{v_n}{n} = 0$，则当 n 充分大时，有 $\left| \dfrac{v_n}{n} \right| < 1$，从而有

$$| u_n v_n | = \left| n u_n \cdot \dfrac{v_n}{n} \right| \leqslant | n u_n |.$$

由于级数 $\sum\limits_{n=1}^{\infty} n u_n$ 绝对收敛，则级数 $\sum\limits_{n=1}^{\infty} u_n v_n$ 绝对收敛，故应选(B).

【分析二】 **排除法**

取 $u_n = \dfrac{(-1)^n}{n^3}, v_n = (-1)^n$，则 $\sum\limits_{n=1}^{\infty} n u_n = \sum\limits_{n=1}^{\infty} \dfrac{(-1)^n}{n^2}$ 绝对收敛，$\sum\limits_{u=1}^{\infty} \dfrac{v_n}{n} = \sum\limits_{u=1}^{\infty} \dfrac{(-1)^n}{n}$ 条

件收敛，此时 $\sum\limits_{n=1}^{\infty} u_n v_n = \sum\limits_{n=1}^{\infty} \dfrac{1}{n^3}$ 绝对收敛，$\sum\limits_{n=1}^{\infty} (u_n + v_n) = \sum\limits_{n=1}^{\infty} \left[\dfrac{(-1)^n}{n^3} + (-1)^n \right]$ 发散，则排

除(A)(C).

取 $u_n = \dfrac{(-1)^n}{n^3}, v_n = \dfrac{(-1)^n}{\ln n}$，则 $\sum\limits_{n=1}^{\infty} n u_n = \sum\limits_{n=1}^{\infty} \dfrac{(-1)^n}{n^2}$ 绝对收敛，$\sum\limits_{n=1}^{\infty} \dfrac{v_n}{n} = \sum\limits_{n=1}^{\infty} \dfrac{(-1)^n}{n \ln n}$ 条

件收敛，而级数 $\sum\limits_{n=1}^{\infty} (u_n + v_n) = \sum\limits_{n=1}^{\infty} \left[\dfrac{(-1)^n}{n^3} + \dfrac{(-1)^n}{\ln n} \right]$ 收敛，则排除(D)，故应选(B).

例 3 (2003年3) 设 $p_n = \dfrac{a_n + |a_n|}{2}, q_n = \dfrac{a_n - |a_n|}{2}, n = 1, 2, \cdots$，则下列命题正确的

是(　　)

(A) 若 $\sum\limits_{n=1}^{\infty} a_n$ 条件收敛，则 $\sum\limits_{n=1}^{\infty} p_n$ 与 $\sum\limits_{n=1}^{\infty} q_n$ 都收敛.

(B) 若 $\sum\limits_{n=1}^{\infty} a_n$ 绝对收敛，则 $\sum\limits_{n=1}^{\infty} p_n$ 与 $\sum\limits_{n=1}^{\infty} q_n$ 都收敛.

(C) 若 $\sum\limits_{n=1}^{\infty} a_n$ 条件收敛，则 $\sum\limits_{n=1}^{\infty} p_n$ 与 $\sum\limits_{n=1}^{\infty} q_n$ 的敛散性都不定.

(D) 若 $\sum\limits_{n=1}^{\infty} a_n$ 绝对收敛，则 $\sum\limits_{n=1}^{\infty} p_n$ 与 $\sum\limits_{n=1}^{\infty} q_n$ 的敛散性都不定.

【思】【考】& 【笔】【记】

【答案】 B

例 **4**　下列命题正确的是(　　)

(A) 若 $\sum\limits_{n=1}^{\infty} u_n$ 收敛,则 $\sum\limits_{n=1}^{\infty} (-1)^{n-1} u_n$ 条件收敛.

(B) 若 $\lim\limits_{n \to \infty} \dfrac{u_{n+1}}{u_n} < 1$,则 $\sum\limits_{n=1}^{\infty} u_n$ 收敛.

(C) 若 $\sum\limits_{n=1}^{\infty} u_n$ 收敛,则 $\sum\limits_{n=1}^{\infty} (-1)^{n-1} u_n^2$ 收敛.

(D) 若 $\sum\limits_{n=1}^{\infty} u_n$ 绝对收敛,则 $\sum\limits_{n=1}^{\infty} u_n^2$ 收敛.

思考 & 笔记

【答案】　D

例 **5**　设 $\sum\limits_{n=1}^{\infty} a_n$ 收敛,$\sum\limits_{n=1}^{\infty} b_n$ 发散$(b_n \neq 0)$,则下列级数中一定发散的是(　　)

(A) $\sum\limits_{n=1}^{\infty} \dfrac{a_n}{b_n}$.　　　　　　　　(B) $\sum\limits_{n=1}^{\infty} a_n b_n$.

(C) $\sum\limits_{n=1}^{\infty} (|a_n| + |b_n|)$.　　　　(D) $\sum\limits_{n=1}^{\infty} (a_n^2 + b_n^2)$.

【答案】　C

【分析】　**间接法**

若 $\sum\limits_{n=1}^{\infty} (|a_n| + |b_n|)$ 收敛,则由

$$|b_n| \leqslant |a_n| + |b_n|$$

可知级数 $\sum\limits_{n=1}^{\infty} b_n$ 收敛,则与题设矛盾.故应选(C).

例 **6**　设 $\sum\limits_{n=1}^{\infty} (-1)^n a_n 2^n$ 收敛,则级数 $\sum\limits_{n=1}^{\infty} a_n$(　　)

(A) 条件收敛.　　　　　　　(B) 绝对收敛.

(C) 发散.　　　　　　　　　(D) 敛散性不定.

【答案】　B

【分析】　由级数 $\sum\limits_{n=1}^{\infty}(-1)^n a_n 2^n$ 收敛知，$\lim\limits_{n\to\infty}(-1)^n a_n 2^n = 0$，则存在 $M>0$，使得对一切正整数 n 有

$$|(-1)^n a_n 2^n| \leqslant M,$$

即 $|a_n| \leqslant \dfrac{M}{2^n}$.

由于级数 $\sum\limits_{n=1}^{\infty}\dfrac{M}{2^n}$ 收敛，则级数 $\sum\limits_{n=1}^{\infty}a_n$ 绝对收敛．故应选(B)．

例 7　要使级数 $\sum\limits_{n=1}^{\infty}u_n^2$ 收敛，只需(　　)

(A) $\sum\limits_{n=1}^{\infty}u_n$ 收敛．　　　　　　　(B) $\sum\limits_{n=1}^{\infty}u_n$ 绝对收敛．

(C) $\sum\limits_{n=1}^{\infty}u_n^3$ 收敛．　　　　　　　(D) $\sum\limits_{n=1}^{\infty}u_n^3$ 绝对收敛．

—— 思考 & 笔记 ——

【答案】　B

例 8　设 $u_n = \displaystyle\int_{n\pi}^{(n+1)\pi}\dfrac{\sin x}{x}\mathrm{d}x$，则 $\sum\limits_{n=1}^{\infty}u_n$ 为(　　)

(A) 发散的正项级数．　　　　　　　(B) 收敛的正项级数．
(C) 发散的交错级数．　　　　　　　(D) 收敛的交错级数．

【答案】　D

【分析】　当 n 为偶数时，$u_n = \displaystyle\int_{n\pi}^{(n+1)\pi}\dfrac{\sin x}{x}\mathrm{d}x > 0$；当 n 为奇数时，$u_n = \displaystyle\int_{n\pi}^{(n+1)\pi}\dfrac{\sin x}{x}\mathrm{d}x < 0$，

则原级数为交错级数，且

$$\sum_{n=1}^{\infty}u_n = \sum_{n=1}^{\infty}(-1)^n\left|\int_{n\pi}^{(n+1)\pi}\dfrac{\sin x}{x}\mathrm{d}x\right|.$$

记 $a_n = \left|\displaystyle\int_{n\pi}^{(n+1)\pi}\dfrac{\sin x}{x}\mathrm{d}x\right| = \int_{n\pi}^{(n+1)\pi}\left|\dfrac{\sin x}{x}\right|\mathrm{d}x$，由积分中值定理知

$$a_n = \dfrac{1}{\xi_n}\int_{n\pi}^{(n+1)\pi}|\sin x|\,\mathrm{d}x = \dfrac{2}{\xi_n}\quad (n\pi \leqslant \xi_n \leqslant (n+1)\pi).$$

$$a_{n+1} = \dfrac{1}{\xi_{n+1}}\int_{(n+1)\pi}^{(n+2)\pi}|\sin x|\,\mathrm{d}x = \dfrac{2}{\xi_{n+1}}\quad ((n+1)\pi \leqslant \xi_{n+1} \leqslant (n+2)\pi).$$

则数列 $\{a_n\}$ 递减且 $\lim\limits_{n\to\infty}a_n=0$，由交错级数的莱布尼茨准则知 $\sum\limits_{n=1}^{\infty}u_n$ 收敛，故应选(D).

例 9 级数 $\sum\limits_{n=2}^{\infty}\dfrac{1}{n^{\alpha}\ln^{\beta}n}$ 收敛的一个充分条件是(   )

(A)$\alpha<1$.　　　　　　　　　　　　(B)$\alpha=1$.

(C)$\alpha=1,\beta>0$.　　　　　　　　(D)$\alpha=1,\beta>1$.

思考 & 笔记

【答案】 D

例 10 (2023 年 1,3)已知 $a_n<b_n(n=1,2,\cdots)$，若级数 $\sum\limits_{n=1}^{\infty}a_n$ 与 $\sum\limits_{n=1}^{\infty}b_n$ 均收敛，则 $\sum\limits_{n=1}^{\infty}a_n$ 绝对收敛是 $\sum\limits_{n=1}^{\infty}b_n$ 绝对收敛的(   )

(A) 充要条件.　　　　　　　　　　(B) 充分不必要条件.

(C) 必要不充分条件.　　　　　　　(D) 既不充分也不必要条件.

【答案】 A

【分析】 由题设知 $\sum\limits_{n=1}^{\infty}(b_n-a_n)$ 为收敛的正项级数，若 $\sum\limits_{n=1}^{\infty}a_n$ 绝对收敛，则由

$$|b_n|=|b_n-a_n+a_n|\leqslant|b_n-a_n|+|a_n|$$

可知 $\sum\limits_{n=1}^{\infty}b_n$ 绝对收敛. 若 $\sum\limits_{n=1}^{\infty}b_n$ 绝对收敛，则由

$$|a_n|=|a_n-b_n+b_n|\leqslant|a_n-b_n|+|b_n|$$

可知 $\sum\limits_{n=1}^{\infty}a_n$ 绝对收敛. 故应选(A).

例 11 (2025 年 1)已知级数：① $\sum\limits_{n=1}^{\infty}\sin\dfrac{n^3\pi}{n^2+1}$；② $\sum\limits_{n=1}^{\infty}(-1)^n\left(\dfrac{1}{\sqrt[3]{n^2}}-\tan\dfrac{1}{\sqrt[3]{n^2}}\right)$，则

(   )

(A)① 与 ② 均条件收敛.　　　　　　(B)① 条件收敛,② 绝对收敛.

(C)① 绝对收敛,② 条件收敛.　　　　(D)① 与 ② 均绝对收敛.

思考 & 笔记

【答案】　B

例 12　（2025 年 3）已知 k 为常数，则级数 $\sum\limits_{n=1}^{\infty}(-1)^n\left[\dfrac{1}{n}-\ln\left(1+\dfrac{k}{n^2}\right)\right]$（　　）

（A）绝对收敛．　　　　　　　　　　（B）条件收敛．

（C）发散．　　　　　　　　　　　　（D）敛散性与 k 的取值有关．

思考 & 笔记

【答案】　B

练习题

1. 设常数 $p>0$，则级数 $\sum\limits_{n=1}^{\infty}\dfrac{(-1)^{n-1}}{\ln(e^n+p^n)}$（　　）

（A）绝对收敛．　　　　　　　　　　（B）条件收敛．

（C）发散．　　　　　　　　　　　　（D）敛散性与 p 的取值有关．

2. 设 $\sum\limits_{n=1}^{\infty}(-1)^n n^2 a_n$ 收敛，则级数 $\sum\limits_{n=1}^{\infty}a_n$（　　）

（A）条件收敛．　　　　　　　　　　（B）绝对收敛．

（C）发散．　　　　　　　　　　　　（D）敛散性不定．

3. 设 $p > 0$ 为常数，正项级数 $\sum\limits_{n=1}^{\infty} a_n$ 收敛，则级数 $\sum (-1)^n a_{2n+1} \sin \dfrac{1}{n^p}$ (　　)

(A) 条件收敛.　　　　　　　　　　　(B) 绝对收敛.

(C) 发散.　　　　　　　　　　　　　(D) 敛散性与 p 有关.

4. 设 $\alpha > 0$，则级数 $\sum\limits_{n=1}^{\infty} (-1)^n \dfrac{\ln^{\alpha} n}{n}$ (　　)

(A) 条件收敛.　　　　　　　　　　　(B) 绝对收敛.

(C) 发散.　　　　　　　　　　　　　(D) 敛散性与 α 有关.

5. 对于常数 $k > 0$，级数 $\sum\limits_{n=1}^{\infty} (-1)^{n-1} \tan\left(\dfrac{1}{n} + \dfrac{k}{n^2}\right)$ (　　)

(A) 绝对收敛.　　　　　　　　　　　(B) 条件收敛.

(C) 发散.　　　　　　　　　　　　　(D) 收敛性与 k 的取值相关.

6. 设函数 $f(x)$ 在 $[0,1]$ 上连续，$a_n = \sqrt{n} \int_{\frac{1}{n+1}}^{\frac{1}{n}} f(x)\,\mathrm{d}x\,(n=1,2,\cdots)$，则级数 $\sum\limits_{n=1}^{\infty} a_n$ (　　)

(A) 条件收敛.　　　　　　　　　　　(B) 绝对收敛.

(C) 发散.　　　　　　　　　　　　　(D) 敛散性与 $f(x)$ 的增减性有关.

7. 级数 $\sum\limits_{n=1}^{\infty} \sin(\pi \sqrt{n^2 + a^2})$ (　　)

(A) 条件收敛.　　　　　　　　　　　(B) 绝对收敛.

(C) 发散.　　　　　　　　　　　　　(D) 条件收敛还是绝对收敛与 a 的取值有关.

8. 级数 $\sum\limits_{n=1}^{\infty} \left[\dfrac{(-1)^n}{n^p} + \dfrac{1}{n^{3-p}}\right]$ (　　)

(A) $p > 0$ 时收敛.　　　　　　　　　(B) $p > 1$ 时收敛.

(C) $0 < p < 2$ 时绝对收敛.　　　　　(D) $1 < p < 2$ 时绝对收敛.

答　案

1. B;　2. B;　3. B;　4. A;　5. B;　6. B;　7. D;　8. D.

二、幂级数

常用方法

1. 收敛半径　收敛区间　收敛域

(1) 收敛半径　　如果 $\lim\limits_{n \to \infty}\left|\dfrac{a_{n+1}}{a_n}\right| = \rho$，则 $R = \dfrac{1}{\rho}$.

$\qquad\qquad\qquad$ 如果 $\lim\limits_{n \to \infty}\sqrt[n]{|a_n|} = \rho$，则 $R = \dfrac{1}{\rho}$.

(2) 阿贝尔定理.

2. 和函数(利用已有展开式及幂级数的性质)

例 1　(2011 年 1) 设数列 $\{a_n\}$ 单调减少，$\lim\limits_{n \to \infty}a_n = 0$，$S_n = \sum\limits_{k=1}^{n}a_k (n = 1,2,\cdots)$ 无界，则幂级数 $\sum\limits_{n=1}^{\infty}a_n(x-1)^n$ 的收敛域为(　　)

(A) $(-1,1]$.　　　(B) $[-1,1)$.　　　(C) $[0,2)$.　　　(D) $(0,2]$.

【答案】　C

【分析】　由 $\{a_n\}$ 单调减少，且 $\lim\limits_{n \to \infty}a_n = 0$ 知 $a_n > 0$，根据莱布尼茨准则级数 $\sum\limits_{n=1}^{\infty}(-1)^n a_n$ 收敛，即幂级数在 $x = 0$ 处收敛；由 $S_n = \sum\limits_{k=1}^{n}a_k$ 无界知，级数 $\sum\limits_{n=1}^{\infty}a_n$ 发散，则 $\sum\limits_{n=1}^{\infty}a_n(x-1)^n$ 在 $x = 2$ 处发散，由阿贝尔定理知，幂级数 $\sum\limits_{n=1}^{\infty}a_n(x-1)^n$ 的收敛域为 $[0,2)$. 故应选(C).

例 2　(2015 年 1) 若级数 $\sum\limits_{n=1}^{\infty}a_n$ 条件收敛，则 $x = \sqrt{3}$ 与 $x = 3$ 依次为幂级数 $\sum\limits_{n=1}^{\infty}na_n(x-1)^n$ 的(　　)

(A) 收敛点，收敛点.　　　　　　(B) 收敛点，发散点.

(C) 发散点，收敛点.　　　　　　(D) 发散点，发散点.

【答案】　B

【分析】　由 $\sum\limits_{n=1}^{\infty}a_n$ 条件收敛知，幂级数 $\sum\limits_{n=1}^{\infty}a_n(x-1)^n$ 在 $x = 2$ 处条件收敛，则 $x = 2$ 为收敛区间端点，收敛区间为 $(0,2)$，故幂级数 $\sum\limits_{n=1}^{\infty}na_n(x-1)^n$ 的收敛区间也是 $(0,2)$，所以幂级数 $\sum\limits_{n=1}^{\infty}na_n(x-1)^n$ 在 $x = \sqrt{3}$ 处收敛，在 $x = 3$ 处发散. 故选(B).

例 3　(2022 年 1) 已知级数 $\sum\limits_{n=1}^{\infty}\dfrac{n!}{n^n}\mathrm{e}^{-nx}$ 的收敛域为 $(a,+\infty)$，则 $a = $ _____.

【答案】　-1

【分析】　令 $\mathrm{e}^{-x} = t$，则

$$\sum_{n=1}^{\infty}\frac{n!}{n^n}\mathrm{e}^{-nx} = \sum_{n=1}^{\infty}\frac{n!}{n^n}t^n.$$

$$\lim_{n \to \infty}\left|\frac{a_{n+1}}{a_n}\right| = \lim_{n \to \infty}\frac{(n+1)!}{(n+1)^{n+1}}\cdot\frac{n^n}{n!}$$

$$= \lim_{n \to \infty} \frac{n^n}{(n+1)^n} = \lim_{n \to \infty} \frac{1}{\left(1 + \frac{1}{n}\right)^n} = \frac{1}{e},$$

解得 $R = e$.

则当 $0 < e^{-x} < e$, 即 $x > -1$ 时, 级数 $\sum\limits_{n=1}^{\infty} \frac{n!}{n^n} e^{-nx}$ 收敛, 则 $a = -1$.

例 4 (2020 年 1) 设 R 为幂级数 $\sum\limits_{n=1}^{\infty} a_n x^n$ 的收敛半径, r 是实数, 则(   )

(A) 当 $\sum\limits_{n=1}^{\infty} a_{2n} r^{2n}$ 发散时, $|r| \geqslant R$.　　　　(B) 当 $\sum\limits_{n=1}^{\infty} a_{2n} r^{2n}$ 收敛时, $|r| \leqslant R$.

(C) 当 $|r| \geqslant R$ 时, $\sum\limits_{n=1}^{\infty} a_{2n} r^{2n}$ 发散.　　　　(D) 当 $|r| \leqslant R$ 时, $\sum\limits_{n=1}^{\infty} a_{2n} r^{2n}$ 收敛.

【答案】 A

【分析一】　直接法

由 R 为幂级数 $\sum\limits_{n=1}^{\infty} a_n x^n$ 的收敛半径可知, 该幂级数在 $(-R, R)$ 上绝对收敛, 则当 $|r| < R$ 时, $\sum\limits_{n=1}^{\infty} |a_n r^n|$ 收敛, 从而 $\sum\limits_{n=1}^{\infty} |a_{2n} r^{2n}|$ 即 $\sum\limits_{n=1}^{\infty} a_{2n} r^{2n}$ 收敛, 则当 $\sum\limits_{n=1}^{\infty} a_{2n} r^{2n}$ 发散时, 必有 $|r| \geqslant R$, 故应选(A).

【分析二】　排除法

考虑幂级数 $\sum\limits_{n=1}^{\infty} \frac{[2 - (-1)^n]^n}{3^n} x^n$, 其收敛半径为 1, 取 $r = 2$, 此时, $\sum\limits_{n=1}^{\infty} a_{2n} r^{2n} = \sum\limits_{n=1}^{\infty} \left(\frac{2}{3}\right)^{2n}$ 收敛, 则排除(B)(C)选项.

考虑幂级数 $\sum\limits_{n=1}^{\infty} \frac{[2 + (-1)^n]^n}{3^n} x^n$, 其收敛半径为 $R = 1$, 令 $r = R$, 此时, $\sum\limits_{n=1}^{\infty} a_{2n} r^{2n} = \sum\limits_{n=1}^{\infty} R^{2n}$ 发散, 则排除(D). 故选(A).

例 5 (2020 年 3) 设幂级数 $\sum\limits_{n=1}^{\infty} n a_n (x-2)^n$ 的收敛区间为 $(-2, 6)$, 则 $\sum\limits_{n=1}^{\infty} a_n (x+1)^{2n}$ 的收敛区间为(   )

(A) $(-2, 6)$.　　　(B) $(-3, 1)$.　　　(C) $(-5, 3)$.　　　(D) $(-17, 15)$.

【答案】 B

【分析】　因为幂级数 $\sum\limits_{n=1}^{\infty} n a_n (x-2)^n$ 的收敛区间为 $(-2, 6)$, 则该幂级数的收敛半径为 4, 则幂级数 $\sum\limits_{n=1}^{\infty} a_n (x-2)^n$ 的收敛半径也为 4, 而幂级数 $\sum\limits_{n=1}^{\infty} a_n (x+1)^n$ 的收敛半径也为 4, 因此, 幂级数 $\sum\limits_{n=1}^{\infty} a_n (x+1)^{2n}$ 的收敛半径为 2, 则其收敛区间为 $(-3, 1)$. 故应选(B).

例 6 (2019 年 1) 幂级数 $\sum\limits_{n=0}^{\infty} \frac{(-1)^n}{(2n)!} x^n$ 在 $(0, +\infty)$ 内的和函数 $S(x) = $ _____.

【答案】 $\cos \sqrt{x}$

【分析】　当 $x \in (0, +\infty)$ 时,

$$\sum_{n=0}^{\infty} \frac{(-1)^n}{(2n)!} x^n = \sum_{n=0}^{\infty} \frac{(-1)^n}{(2n)!} (\sqrt{x})^{2n} = \cos\sqrt{x}.$$

例 7 （2023 年 3）$\displaystyle\sum_{n=0}^{\infty} \frac{x^{2n}}{(2n)!} = $ _____.

思考 & 笔记 ————

【答案】 $\dfrac{e^x + e^{-x}}{2}$

例 8 （2024 年 1,3）已知幂级数 $\displaystyle\sum_{n=0}^{\infty} a_n x^n$ 的和函数为 $\ln(2+x)$，则 $\displaystyle\sum_{n=0}^{\infty} na_{2n} = ($ $)$

(A) $-\dfrac{1}{6}$.　　(B) $-\dfrac{1}{3}$.　　(C) $\dfrac{1}{6}$.　　(D) $\dfrac{1}{3}$.

思考 & 笔记 ————

【答案】 A

练习题

1. （1995 年 1）幂级数 $\displaystyle\sum_{n=1}^{\infty} \frac{n}{2^n + (-3)^n} x^{2n-1}$ 的收敛半径 $R = $ _____.

2. （1997 年 1）设幂级数 $\displaystyle\sum_{n=1}^{\infty} a_n x^n$ 的收敛半径为 3，则幂级数 $\displaystyle\sum_{n=1}^{\infty} na_n (x-1)^{n+1}$ 的收敛区间为 _____.

3. (2008 年 1) 已知幂级数 $\sum\limits_{n=0}^{\infty} a_n (x+2)^n$ 在 $x=0$ 处收敛,在 $x=-4$ 处发散,则幂级数

$\sum\limits_{n=0}^{\infty} a_n (x-3)^n$ 的收敛域为_____.

4. 设幂级数 $\sum\limits_{n=1}^{\infty} a_n x^n$ 的收敛半径为 2,则幂级数 $\sum\limits_{n=1}^{\infty} \dfrac{a_n}{n+1} (x+1)^n$ 的收敛区间为_____.

5. 幂级数 $\sum\limits_{n=1}^{\infty} \dfrac{x^{n+1}}{n(n+1)}$ 在 $[-1,1)$ 内的和函数 $S(x) = $_____.

6. 幂级数 $\dfrac{x^4}{2\times 4} + \dfrac{x^6}{2\times 4\times 6} + \dfrac{x^8}{2\times 4\times 6\times 8} + \cdots$ 在 $(-\infty, +\infty)$ 内的和函数 $S(x) = $ _____.

答　案

1. $\sqrt{3}$；　2. $(-2,4)$；　3. $(1,5]$；　4. $(-3,1)$；　5. $(1-x)\ln(1-x)+x$；

6. $e^{\frac{x^2}{2}} - \dfrac{x^2}{2} - 1$.

三、傅里叶级数（仅数一）

常用结论

1. 傅里叶系数及傅里叶级数

$a_n = \dfrac{1}{\pi}\displaystyle\int_{-\pi}^{\pi} f(x)\cos nx\,\mathrm{d}x\,(n=0,1,2,\cdots)$;

$b_n = \dfrac{1}{\pi}\displaystyle\int_{-\pi}^{\pi} f(x)\sin nx\,\mathrm{d}x\,(n=1,2,\cdots)$;

$f(x) \sim \dfrac{a_0}{2} + \displaystyle\sum_{n=1}^{\infty}(a_n\cos nx + b_n\sin nx)$.

2. 收敛定理(狄利克雷)

例 1 （1988 年）设 $f(x)$ 是周期为 2 的周期函数,它在区间 $(-1,1]$ 上的定义为

$$f(x) = \begin{cases} 2, & -1 < x \leqslant 0, \\ x^3, & 0 < x \leqslant 1, \end{cases}$$

则 $f(x)$ 的傅里叶(Fourier)级数在 $x=1$ 处收敛于_____.

【答案】 $\dfrac{3}{2}$

【分析】　由狄利克雷收敛定理知，$f(x)$ 的傅里叶级数在 $x=1$ 处收敛于

$$\frac{f(-1+0)+f(1-0)}{2}=\frac{2+1}{2}=\frac{3}{2}.$$

例 **2**　（1993 年）设函数 $f(x)=\pi x+x^2(-\pi<x<\pi)$ 的傅里叶级数展开式为

$$\frac{a_0}{2}+\sum_{n=1}^{\infty}(a_n\cos nx+b_n\sin nx),$$

则其中系数 b_3 的值为 _____.

【答案】　$\dfrac{2\pi}{3}$

【分析】
$$b_3=\frac{1}{\pi}\int_{-\pi}^{\pi}f(x)\sin 3x\mathrm{d}x$$
$$=\frac{1}{\pi}\int_{-\pi}^{\pi}(\pi x+x^2)\sin 3x\mathrm{d}x$$
$$=2\int_{0}^{\pi}x\sin 3x\mathrm{d}x=\frac{2\pi}{3}.$$

例 **3**　（2013 年）设 $f(x)=\left|x-\dfrac{1}{2}\right|,b_n=2\int_{0}^{1}f(x)\sin n\pi x\mathrm{d}x(n=1,2,\cdots).$

令 $S(x)=\sum_{n=1}^{\infty}b_n\sin n\pi x$，则 $S\left(-\dfrac{9}{4}\right)=(\qquad)$

(A) $\dfrac{3}{4}$.　　　　(B) $\dfrac{1}{4}$.　　　　(C) $-\dfrac{1}{4}$.　　　　(D) $-\dfrac{3}{4}$.

【答案】　C

【分析】　由题设可知本题是将 $f(x)$ 以周期为 2 且作奇延拓展开为正弦级数，则

$$S\left(-\frac{9}{4}\right)=S\left(-\frac{1}{4}\right)=-S\left(\frac{1}{4}\right)=-f\left(\frac{1}{4}\right)=-\frac{1}{4}.$$

故应选(C).

例 **4**　（2023 年）设 $f(x)$ 是周期为 2 的周期函数，且 $f(x)=1-x,x\in[0,1]$，若 $f(x)=$

$\dfrac{a_0}{2}+\sum_{n=1}^{\infty}a_n\cos n\pi x$，则 $\sum_{n=1}^{\infty}a_{2n}=$ _____.

思 考 & 笔 记

【答案】 0

例 **5** （2024 年）已知函数 $f(x) = x + 1$，若 $f(x) = \dfrac{a_0}{2} + \sum\limits_{n=1}^{\infty} a_n \cos nx$，$x \in [0, \pi]$，

则 $\lim\limits_{n \to \infty} n^2 \sin a_{2n-1} = $ _____.

- 思 考 & 笔 记 -

【答案】　$-\dfrac{1}{\pi}$

练习题

1.（2003 年）设 $x^2 = \sum\limits_{n=0}^{\infty} a_n \cos nx$　$(-\pi \leqslant x \leqslant \pi)$，则 $a_2 = $ _____.

2.（1989 年）设函数 $f(x) = x^2, 0 \leqslant x < 1$，而

$$S(x) = \sum_{n=1}^{\infty} b_n \sin n\pi x, \quad -\infty < x < +\infty,$$

其中 $b_n = 2 \displaystyle\int_0^1 f(x) \sin n\pi x \, \mathrm{d}x, n = 1, 2, 3, \cdots$，则 $S\left(-\dfrac{1}{2}\right)$ 等于（　　）

(A) $-\dfrac{1}{2}$.　　　　(B) $-\dfrac{1}{4}$.　　　　(C) $\dfrac{1}{4}$.　　　　(D) $\dfrac{1}{2}$.

3.（1999 年）设 $f(x) = \begin{cases} x, & 0 \leqslant x \leqslant \dfrac{1}{2}, \\ 2 - 2x, & \dfrac{1}{2} < x < 1, \end{cases}$ $S(x) = \dfrac{a_0}{2} + \sum\limits_{n=1}^{\infty} a_n \cos n\pi x, -\infty < x < +\infty$，

其中 $a_n = 2 \displaystyle\int_0^1 f(x) \cos n\pi x \, \mathrm{d}x (n = 0, 1, 2, \cdots)$，则 $S\left(-\dfrac{5}{2}\right)$ 等于（　　）

(A) $\dfrac{1}{2}$.　　　　(B) $-\dfrac{1}{2}$.　　　　(C) $\dfrac{3}{4}$.　　　　(D) $-\dfrac{3}{4}$.

答　案

　　1. 1;　2. B;　3. C.

第八章　多元函数积分学续^(仅数一要求)

一、三重积分

常用方法

1. **直角坐标**　　　2. **柱坐标**　　　3. **球坐标**
4. **奇偶性**　　　5. **变量对称性**

例 1　（1988 年）设有空间区域 $\Omega_1 : x^2 + y^2 + z^2 \leqslant R^2, z \geqslant 0$；

及 $\Omega_2 : x^2 + y^2 + z^2 \leqslant R^2, x \geqslant 0, y \geqslant 0, z \geqslant 0$，则（　　　）

(A) $\iiint\limits_{\Omega_1} x \mathrm{d}v = 4 \iiint\limits_{\Omega_2} x \mathrm{d}v.$ 　　　　　(B) $\iiint\limits_{\Omega_1} y \mathrm{d}v = 4 \iiint\limits_{\Omega_2} y \mathrm{d}v.$

(C) $\iiint\limits_{\Omega_1} z \mathrm{d}v = 4 \iiint\limits_{\Omega_2} z \mathrm{d}v.$ 　　　　　(D) $\iiint\limits_{\Omega_1} xyz \mathrm{d}v = 4 \iiint\limits_{\Omega_2} xyz \mathrm{d}v.$

【答案】　C

【分析】　由于积分区域 Ω_1 既关于 yOz 坐标面前后对称，又关于 xOz 坐标面左右对称，而被积函数 z 既关于变量 x 是偶函数，又关于变量 y 是偶函数，故

$$\iiint\limits_{\Omega_1} z \mathrm{d}v = 4 \iiint\limits_{\Omega_2} z \mathrm{d}v.$$

故选(C).

例 2　（2009 年）设 $\Omega = \{(x,y,z) \mid x^2 + y^2 + z^2 \leqslant 1\}$，则 $\iiint\limits_{\Omega} z^2 \mathrm{d}x \mathrm{d}y \mathrm{d}z = $ _____.

【答案】　$\dfrac{4}{15}\pi$

【分析一】　由积分区域 Ω 关于变量 x, y, z 的对称性可知

$$\iiint\limits_{\Omega} x^2 \mathrm{d}v = \iiint\limits_{\Omega} y^2 \mathrm{d}v = \iiint\limits_{\Omega} z^2 \mathrm{d}v.$$

则

$$\iiint\limits_{\Omega} z^2 \mathrm{d}v = \frac{1}{3} \iiint\limits_{\Omega} (x^2 + y^2 + z^2) \mathrm{d}v$$

$$= \frac{1}{3} \int_0^{2\pi} \mathrm{d}\theta \int_0^{\pi} \mathrm{d}\varphi \int_0^1 r^4 \sin \varphi \mathrm{d}r$$

$$= \frac{4\pi}{15}.$$

【分析二】

$$\iiint\limits_{\Omega} z^2 \mathrm{d}v = \int_{-1}^1 \mathrm{d}z \iint\limits_{x^2+y^2 \leqslant 1-z^2} z^2 \mathrm{d}x \mathrm{d}y$$

$$= \pi \int_{-1}^1 z^2 (1 - z^2) \mathrm{d}z$$

$$= 2\pi \int_0^1 (z^2 - z^4) \mathrm{d}z = \frac{4\pi}{15}.$$

练习题

（2015 年）设 Ω 是由平面 $x+y+z=1$ 与三个坐标平面所围成的空间区域，则

$$\iiint\limits_{\Omega}(x+2y+3z)\mathrm{d}x\mathrm{d}y\mathrm{d}z = \underline{\qquad}.$$

答　案

$\dfrac{1}{4}.$

二、对弧长的曲线积分

常用方法

1. **直接法**　　　　2. **奇偶性**　　　　3. **对称性**

例 1　（2009 年）已知曲线 $L: y=x^2(0\leqslant x\leqslant\sqrt{2})$，则 $\displaystyle\int_L x\mathrm{d}s=\underline{\qquad}.$

【答案】　$\dfrac{13}{6}$

【分析】

$$\int_L x\mathrm{d}s = \int_0^{\sqrt{2}} x\sqrt{1+(2x)^2}\mathrm{d}x$$
$$= \frac{1}{8}\times\frac{2}{3}(1+4x^2)^{\frac{3}{2}}\Big|_0^{\sqrt{2}}$$
$$= \frac{13}{6}.$$

例 2　（2018 年）设 L 为球面 $x^2+y^2+z^2=1$ 与平面 $x+y+z=0$ 的交线，则 $\displaystyle\oint_L xy\mathrm{d}s = \underline{\qquad}.$

【答案】　$-\dfrac{\pi}{3}$

【分析一】　由变量对称性知

$$\oint_L xy\mathrm{d}s = \frac{1}{3}\oint_L(xy+yz+xz)\mathrm{d}s$$
$$= \frac{1}{6}\oint_L(2xy+2yz+2xz)\mathrm{d}s$$
$$= \frac{1}{6}\oint_L[(x+y+z)^2-(x^2+y^2+z^2)]\mathrm{d}s$$
$$= \frac{1}{6}\oint_L(0^2-1)\mathrm{d}s$$
$$= \left(-\frac{1}{6}\right)\times 2\pi = -\frac{\pi}{3}.$$

【分析二】　由 $x+y+z=0$ 知，$y=-(x+z)$，则

$$\oint_L xy\mathrm{d}s = -\oint_L x(x+z)\mathrm{d}s = -\oint_L x^2\mathrm{d}s - \oint_L xz\mathrm{d}s.$$

又 $\displaystyle\oint_L xy\mathrm{d}s = \oint_L xz\mathrm{d}s$，则

$$\oint_L xy\,ds = -\frac{1}{2}\oint_L x^2\,ds = -\frac{1}{6}\oint_L (x^2+y^2+z^2)\,ds$$
$$= -\frac{1}{6}\oint_L 1\,ds = -\frac{\pi}{3}.$$

练习题

1. (1989年) 设平面曲线 L 为下半圆 $y=-\sqrt{1-x^2}$,则曲线积分 $\int_L (x^2+y^2)\,ds=$ _____.

2. (1998年) 设 l 为椭圆 $\frac{x^2}{4}+\frac{y^2}{3}=1$,其周长记为 a,则 $\oint_l (2xy+3x^2+4y^2)\,ds=$ _____.

答　案

1. π；　2. $12a$.

三、对坐标的曲线积分

常用方法

1. 平面线积分
(1) 直接法；　　　　　　　　(2) 格林公式；
(3) 补线用格林公式；　　　　(4) 线积分与路径无关.

2. 空间线积分
(1) 直接法；　　　　　　　　(2) 斯托克斯公式；
(3) 化为平面线积分.

例 1 (2007年) 设曲线 $L:f(x,y)=1$($f(x,y)$具有一阶连续偏导数)过第 Ⅱ 象限内的点 M 和第 Ⅳ 象限内的点 N,Γ 为 L 上从点 M 到点 N 的一段弧,则下列积分小于零的是(　　)

(A) $\int_\Gamma f(x,y)\,dx$.

(B) $\int_\Gamma f(x,y)\,dy$.

(C) $\int_\Gamma f(x,y)\,ds$.

(D) $\int_\Gamma f'_x(x,y)\,dx+f'_y(x,y)\,dy$.

【答案】 B

【分析一】 **直接法**

如右图,设 $M(x_1,y_1)$,$N(x_2,y_2)$,则

$$\int_\Gamma f(x,y)\,dy = \int_\Gamma dy = \int_{y_1}^{y_2} dy = y_2-y_1 < 0.$$

故应选(B).

【分析二】 **排除法**

$$\int_\Gamma f(x,y)\,dx = \int_\Gamma dx = \int_{x_1}^{x_2} dx = x_2-x_1 > 0.$$

$$\int_\Gamma f(x,y)\,ds = \int_\Gamma ds = s > 0\,(s\ 为\ \Gamma\ 的弧长).$$

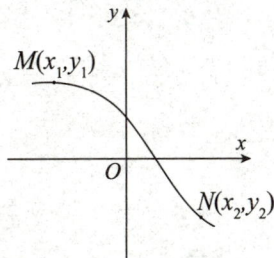

$$\int_{\Gamma} f'_x(x,y)\mathrm{d}x + f'_y(x,y)\mathrm{d}y = \int_{\Gamma} \mathrm{d}f(x,y)$$
$$= f(x_2,y_2) - f(x_1,y_1)$$
$$= 1 - 1 = 0,$$

则排除(A)(C)(D),故应选(B).

例 2 (2013年)设 $L_1 : x^2 + y^2 = 1, L_2 : x^2 + y^2 = 2, L_3 : x^2 + 2y^2 = 2, L_4 : 2x^2 + y^2 = 2$ 为四条逆时针方向的平面曲线,记 $I_i = \oint_{L_i} \left(y + \frac{y^3}{6} \right)\mathrm{d}x + \left(2x - \frac{x^3}{3} \right)\mathrm{d}y \, (i = 1,2,3,4)$,则 $\max\{I_1, I_2, I_3, I_4\} = ($　　$)$

(A)I_1. 　　　　　(B)I_2. 　　　　　(C)I_3. 　　　　　(D)I_4.

思考 & 笔记

【答案】 D

例 3 (2019年)设函数 $Q(x,y) = \frac{x}{y^2}$,如果对上半平面($y > 0$)内的任意有向光滑闭曲线 C 都有 $\oint_C P(x,y)\mathrm{d}x + Q(x,y)\mathrm{d}y = 0$,那么 $P(x,y)$ 可取为($\quad$)

(A)$y - \frac{x^2}{y^3}$. 　　(B)$\frac{1}{y} - \frac{x^2}{y^3}$. 　　(C)$\frac{1}{x} - \frac{1}{y}$. 　　(D)$x - \frac{1}{y}$.

【答案】 D

【分析】 由于对上半平面内的任意有向光滑闭曲线 C 都有
$$\oint_C P(x,y)\mathrm{d}x + Q(x,y)\mathrm{d}y = 0.$$

所以,线积分 $\oint_C P(x,y)\mathrm{d}x + Q(x,y)\mathrm{d}y$ 在上半平面与路径无关,故 $\frac{\partial Q}{\partial x} = \frac{\partial P}{\partial y}$.

因为 $\frac{\partial Q}{\partial x} = \frac{\partial}{\partial x}\left(\frac{x}{y^2}\right) = \frac{1}{y^2}$,所以 $\frac{\partial P}{\partial y} = \frac{1}{y^2}$,从而
$$P(x,y) = f(x) - \frac{1}{y}.$$

由于 $\frac{1}{x} - \frac{1}{y}$ 在 y 轴上没有定义,所以,只有 $x - \frac{1}{y}$ 符合要求,故应选(D).

例 4 (2014年)设 L 是柱面 $x^2 + y^2 = 1$ 与平面 $y + z = 0$ 的交线,从 z 轴正向往 z 轴负向看去为逆时针方向,则曲线积分 $\oint_L z\mathrm{d}x + y\mathrm{d}z = $ _____.

【答案】 π

【分析一】 曲线 L 的参数方程为 $x = \cos t, y = \sin t, z = -\sin t \, (0 \leqslant t \leqslant 2\pi)$,则

$$\oint_L z\,\mathrm{d}x + y\,\mathrm{d}z = \int_0^{2\pi}\big[(-\sin t)\cdot(-\sin t) + \sin t(-\cos t)\big]\mathrm{d}t$$

$$= \int_0^{2\pi}\sin^2 t\,\mathrm{d}t - \frac{1}{2}\sin^2 t\Big|_0^{2\pi}$$

$$= 4\int_0^{\frac{\pi}{2}}\sin^2 t\,\mathrm{d}t = 4\times\frac{1}{2}\times\frac{\pi}{2} = \pi.$$

【分析二】　取 Σ 为平面 $y+z=0$ 上位于柱面 $x^2+y^2=1$ 内的部分,上侧为正. 由斯托克斯公式得

$$\oint_L z\,\mathrm{d}x + y\,\mathrm{d}z = \iint_\Sigma (1-0)\mathrm{d}y\mathrm{d}z + (1-0)\mathrm{d}z\mathrm{d}x + (0-0)\mathrm{d}x\mathrm{d}y$$

$$= \iint_\Sigma \mathrm{d}y\mathrm{d}z + \mathrm{d}z\mathrm{d}x$$

$$= \iint_\Sigma \mathrm{d}z\mathrm{d}x = \iint_{D_{zx}}\mathrm{d}z\mathrm{d}x \quad (\text{其中 } D_{zx} = \{(x,y)\mid x^2+z^2\leqslant 1\})$$

$$= \pi.$$

【分析三】

思 考 & 笔 记

练习题

1. (2004 年)设 L 为正向圆周 $x^2+y^2=2$ 在第一象限中的部分,则曲线积分 $\displaystyle\int_L x\,\mathrm{d}y - 2y\,\mathrm{d}x$ 的值为_____.

2. (2011 年)设 L 是柱面 $x^2+y^2=1$ 与平面 $z=x+y$ 的交线,从 z 轴正向往 z 轴负向看去为逆时针方向,则曲线积分 $\displaystyle\oint_L xz\,\mathrm{d}x + x\,\mathrm{d}y + \frac{y^2}{2}\mathrm{d}z = $ _____.

3. (2017 年)若曲线积分 $\displaystyle\int_L \frac{x\,\mathrm{d}x - ay\,\mathrm{d}y}{x^2+y^2-1}$ 在区域 $D = \{(x,y)\mid x^2+y^2<1\}$ 内与路径无关,则 $a = $ _____.

答 案

1. $\dfrac{3}{2}\pi$；　2. π；　3. -1.

四、对面积的曲面积分

常用方法

1. 直接法　　　　**2. 奇偶性**　　　　**3. 对称性**

例 1　（2000 年）设 $S:x^2+y^2+z^2=a^2(z\geqslant 0)$，$S_1$ 为 S 在第一卦限中的部分，则有（　　）

(A) $\displaystyle\iint\limits_{S}x\mathrm{d}S=4\iint\limits_{S_1}x\mathrm{d}S.$　　　　　　　(B) $\displaystyle\iint\limits_{S}y\mathrm{d}S=4\iint\limits_{S_1}x\mathrm{d}S.$

(C) $\displaystyle\iint\limits_{S}z\mathrm{d}S=4\iint\limits_{S_1}x\mathrm{d}S.$　　　　　　　(D) $\displaystyle\iint\limits_{S}xyz\mathrm{d}S=4\iint\limits_{S_1}xyz\mathrm{d}S.$

【答案】　C

【分析】　由于曲面 S 关于坐标面 yOz 和 xOz 都对称，而被积函数 z 既是 x 的偶函数，也是 y 的偶函数，则

$$\iint\limits_{S}z\mathrm{d}S=4\iint\limits_{S_1}z\mathrm{d}S.$$

由变量对称性知

$$\iint\limits_{S_1}z\mathrm{d}S=\iint\limits_{S_1}x\mathrm{d}S,$$

则 $\displaystyle\iint\limits_{S}z\mathrm{d}S=4\iint\limits_{S_1}x\mathrm{d}S.$ 故应选(C).

例 2　（2012 年）设 $\Sigma=\{(x,y,z)\mid x+y+z=1,x\geqslant 0,y\geqslant 0,z\geqslant 0\}$，则 $\displaystyle\iint\limits_{\Sigma}y^2\mathrm{d}S=$ _____.

【答案】　$\dfrac{\sqrt{3}}{12}$

【分析】　记 $D=\{(x,y)\mid x+y\leqslant 1,x\geqslant 0,y\geqslant 0\}$，则

$$\iint\limits_{\Sigma}y^2\mathrm{d}S=\iint\limits_{D}y^2\sqrt{1+z_x'^2+z_y'^2}\,\mathrm{d}x\mathrm{d}y$$

$$=\sqrt{3}\iint\limits_{D}y^2\mathrm{d}x\mathrm{d}y=\sqrt{3}\int_0^1\mathrm{d}y\int_0^{1-y}y^2\mathrm{d}x$$

$$=\sqrt{3}\int_0^1 y^2(1-y)\mathrm{d}y=\frac{\sqrt{3}}{12}.$$

练习题

（2007 年）设曲面 $\Sigma:\mid x\mid+\mid y\mid+\mid z\mid=1$，则 $\displaystyle\oiint\limits_{\Sigma}(x+\mid y\mid)\mathrm{d}S=$ _____.

答　案

$\dfrac{4}{3}\sqrt{3}$.

五、对坐标的曲面积分

常用方法

1. 直接法　　　　　**2. 高斯公式**　　　　**3. 补面用高斯公式**

例 1　（2021 年）设 Σ 为空间立体区域 $\{(x,y,z)\mid x^2+4y^2\leqslant 4,0\leqslant z\leqslant 2\}$ 表面的外侧，则曲面积分 $\displaystyle\iint_{\Sigma}x^2\,\mathrm{d}y\mathrm{d}z+y^2\,\mathrm{d}z\mathrm{d}x+z\,\mathrm{d}x\mathrm{d}y=$ _____.

【答案】　4π

【分析一】　令 $\Omega=\{(x,y,z)\mid x^2+4y^2\leqslant 4,0\leqslant z\leqslant 2\}$. 由高斯公式知

$$\text{原式}=\iiint_{\Omega}(2x+2y+1)\mathrm{d}v.$$

由区域对称性及函数奇偶性知

$$\iiint_{\Omega}2x\mathrm{d}v=0,\quad\iiint_{\Omega}2y\mathrm{d}v=0,$$

则原式 $=\displaystyle\iiint_{\Omega}1\mathrm{d}v=\pi\times 2\times 1\times 2=4\pi$.

【分析二】　令 Σ_1 为柱面 $x^2+4y^2=4$ 介于 $z=0$ 与 $z=2$ 之间的部分，方向与 Σ 相同，则

$$\iint_{\Sigma}x^2\,\mathrm{d}y\mathrm{d}z=\iint_{\Sigma_1}x^2\,\mathrm{d}y\mathrm{d}z=0,$$

$$\iint_{\Sigma}y^2\,\mathrm{d}z\mathrm{d}x=\iint_{\Sigma_1}y^2\,\mathrm{d}z\mathrm{d}x=0,$$

原式 $=\displaystyle\iint_{\Sigma}z\,\mathrm{d}x\mathrm{d}y$.

又 $\displaystyle\iint_{\Sigma_1}z\,\mathrm{d}x\mathrm{d}y=0$，则原式 $=\displaystyle\iint_{x^2+4y^2\leqslant 4}2\mathrm{d}x\mathrm{d}y=4\pi$.

例 2　（2019 年）设 Σ 为曲面 $x^2+y^2+4z^2=4(z\geqslant 0)$ 的上侧，则 $\displaystyle\iint_{\Sigma}\sqrt{4-x^2-4z^2}\,\mathrm{d}x\mathrm{d}y=$ _____.

【答案】　$\dfrac{32}{3}$

【分析】　由曲面方程 $x^2+y^2+4z^2=4$ 知 $4-x^2-4z^2=y^2$，则

$$\text{原式}=\iint_{\Sigma}\sqrt{y^2}\,\mathrm{d}x\mathrm{d}y=\iint_{x^2+y^2\leqslant 4}\mid y\mid\mathrm{d}x\mathrm{d}y$$

$$=4\int_{0}^{\frac{\pi}{2}}\mathrm{d}\theta\int_{0}^{2}r^2\sin\theta\mathrm{d}r=\frac{32}{3}.$$

例 3　（2008 年）设曲面 Σ 是 $z=\sqrt{4-x^2-y^2}$ 的上侧，则 $\displaystyle\iint_{\Sigma}xy\mathrm{d}y\mathrm{d}z+x\mathrm{d}z\mathrm{d}x+x^2\mathrm{d}x\mathrm{d}y=$ _____.

【答案】　4π

【分析】 取 S 为 $\begin{cases} x^2 + y^2 \leqslant 4, \\ z = 0 \end{cases}$ 的下侧, Σ 和 S 围成的半球体记作 Ω. 则

$$\text{原式} = \oiint\limits_{\Sigma+S} xy\,\mathrm{d}y\mathrm{d}z + x\,\mathrm{d}z\mathrm{d}x + x^2\,\mathrm{d}x\mathrm{d}y - \iint\limits_{S} xy\,\mathrm{d}y\mathrm{d}z + x\,\mathrm{d}z\mathrm{d}x + x^2\,\mathrm{d}x\mathrm{d}y$$

$$= \iiint\limits_{\Omega} y\,\mathrm{d}x\mathrm{d}y\mathrm{d}z + \iint\limits_{x^2+y^2\leqslant 4} x^2\,\mathrm{d}x\mathrm{d}y.$$

由对称性知

$$\iiint\limits_{\Omega} y\,\mathrm{d}x\mathrm{d}y\mathrm{d}z = 0.$$

$$\iint\limits_{x^2+y^2\leqslant 4} x^2\,\mathrm{d}x\mathrm{d}y = \frac{1}{2}\iint\limits_{x^2+y^2\leqslant 4}(x^2+y^2)\,\mathrm{d}x\mathrm{d}y = \frac{1}{2}\int_0^{2\pi}\mathrm{d}\theta\int_0^2 r^3\,\mathrm{d}r = 4\pi.$$

例 4 （2024 年）设 $P = P(x,y,z)$，$Q = Q(x,y,z)$ 均为连续函数，Σ 为曲面 $z = \sqrt{1-x^2-y^2}$ $(x \leqslant 0, y \geqslant 0)$ 的上侧，则 $\iint\limits_{\Sigma} P\,\mathrm{d}y\mathrm{d}z + Q\,\mathrm{d}z\mathrm{d}x = (\quad)$

(A) $\iint\limits_{\Sigma}\left(\dfrac{x}{z}P + \dfrac{y}{z}Q\right)\mathrm{d}x\mathrm{d}y.$ \qquad (B) $\iint\limits_{\Sigma}\left(-\dfrac{x}{z}P + \dfrac{y}{z}Q\right)\mathrm{d}x\mathrm{d}y.$

(C) $\iint\limits_{\Sigma}\left(\dfrac{x}{z}P - \dfrac{y}{z}Q\right)\mathrm{d}x\mathrm{d}y.$ \qquad (D) $\iint\limits_{\Sigma}\left(-\dfrac{x}{z}P - \dfrac{y}{z}Q\right)\mathrm{d}x\mathrm{d}y.$

思 考 & 笔 记

【答案】 A

练 习 题

1. （2005 年）设 Ω 是由锥面 $z = \sqrt{x^2 + y^2}$ 与半球面 $z = \sqrt{R^2 - x^2 - y^2}$ 围成的空间区域，Σ 是 Ω 的整个边界的外侧，则 $\oiint\limits_{\Sigma} x\,\mathrm{d}y\mathrm{d}z + y\,\mathrm{d}z\mathrm{d}x + z\,\mathrm{d}x\mathrm{d}y = \underline{\qquad}$.

2. （2006 年）设 Σ 是锥面 $z = \sqrt{x^2 + y^2}\,(0 \leqslant z \leqslant 1)$ 的下侧，则
$$\iint\limits_{\Sigma} x\,\mathrm{d}y\mathrm{d}z + 2y\,\mathrm{d}z\mathrm{d}x + 3(z-1)\,\mathrm{d}x\mathrm{d}y = \underline{\qquad}.$$

答 案

1. $(2-\sqrt{2})\pi R^3$；　2. 2π.

六、多元积分应用

例 1 （2010 年）设 $\Omega = \{(x,y,z) \mid x^2 + y^2 \leqslant z \leqslant 1\}$，则 Ω 的形心的竖坐标 $\bar{z} = $ _____.

【答案】 $\dfrac{2}{3}$

【分析】 由形心公式知

$$\bar{z} = \frac{\iiint\limits_{\Omega} z\,\mathrm{d}x\mathrm{d}y\mathrm{d}z}{\iiint\limits_{\Omega} \mathrm{d}x\mathrm{d}y\mathrm{d}z},$$

$$\iiint\limits_{\Omega} \mathrm{d}x\mathrm{d}y\mathrm{d}z = \int_0^1 \mathrm{d}z \iint\limits_{x^2+y^2\leqslant z} \mathrm{d}x\mathrm{d}y = \pi \int_0^1 z\,\mathrm{d}z = \frac{\pi}{2},$$

$$\iiint\limits_{\Omega} z\,\mathrm{d}x\mathrm{d}y\mathrm{d}z = \int_0^1 \mathrm{d}z \iint\limits_{x^2+y^2\leqslant z} z\,\mathrm{d}x\mathrm{d}y = \pi \int_0^1 z^2\,\mathrm{d}z = \frac{\pi}{3},$$

则 $\bar{z} = \dfrac{\dfrac{\pi}{3}}{\dfrac{\pi}{2}} = \dfrac{2}{3}.$

七、方向导数、梯度、散度及旋度

常用公式

1. 方向导数

$$\frac{\partial f}{\partial l} = \frac{\partial f}{\partial x}\cos\alpha + \frac{\partial f}{\partial y}\cos\beta + \frac{\partial f}{\partial z}\cos\gamma.$$

2. 梯度

$$\mathbf{grad}\, u = \frac{\partial u}{\partial x}\boldsymbol{i} + \frac{\partial u}{\partial y}\boldsymbol{j} + \frac{\partial u}{\partial z}\boldsymbol{k}.$$

3. 散度

$$\mathrm{div}\,\boldsymbol{A} = \frac{\partial P}{\partial x} + \frac{\partial Q}{\partial y} + \frac{\partial R}{\partial z}.$$

4. 旋度

$$\mathbf{rot}\,\boldsymbol{A} = \begin{vmatrix} \boldsymbol{i} & \boldsymbol{j} & \boldsymbol{k} \\ \dfrac{\partial}{\partial x} & \dfrac{\partial}{\partial y} & \dfrac{\partial}{\partial z} \\ P & Q & R \end{vmatrix}.$$

例 1 （2017 年）函数 $f(x,y,z) = x^2 y + z^2$ 在点 $(1,2,0)$ 处沿向量 $\boldsymbol{n} = (1,2,2)$ 的方向导数为（　　）

(A)12. 　　　　(B)6. 　　　　(C)4. 　　　　(D)2.

【答案】 D

【分析】

$$f_x'(1,2,0) = 2xy\Big|_{(1,2,0)} = 4,$$

$$f_y'(1,2,0) = x^2\Big|_{(1,2,0)} = 1,$$

$$f'_z(1,2,0) = 2z\Big|_{(1,2,0)} = 0,$$

$$\boldsymbol{n}^\circ = \left(\frac{1}{3}, \frac{2}{3}, \frac{2}{3}\right),$$

则 $\dfrac{\partial f}{\partial \boldsymbol{n}}\Big|_{(1,2,0)} = 4 \times \dfrac{1}{3} + 1 \times \dfrac{2}{3} + 0 \times \dfrac{2}{3} = 2.$

故选(D).

例 2 (2001 年) 设 $r = \sqrt{x^2+y^2+z^2}$,则 $\mathrm{div}(\mathbf{grad}\ r)\Big|_{(1,-2,2)} = $ _____.

【答案】 $\dfrac{2}{3}$

【分析】 $\mathbf{grad}\ r = \left(\dfrac{\partial r}{\partial x}, \dfrac{\partial r}{\partial y}, \dfrac{\partial r}{\partial z}\right), \mathrm{div}(\mathbf{grad}\ r) = \dfrac{\partial^2 r}{\partial x^2} + \dfrac{\partial^2 r}{\partial y^2} + \dfrac{\partial^2 r}{\partial z^2}.$

$$\frac{\partial r}{\partial x} = \frac{x}{\sqrt{x^2+y^2+z^2}} = \frac{x}{r}.$$

$$\frac{\partial^2 r}{\partial x^2} = \frac{r - \dfrac{x^2}{r}}{r^2} = \frac{y^2+z^2}{r^3}.$$

同理 $\quad \dfrac{\partial^2 r}{\partial y^2} = \dfrac{x^2+z^2}{r^3}, \dfrac{\partial^2 r}{\partial z^2} = \dfrac{x^2+y^2}{r^3}.$

所以 $\mathrm{div}(\mathbf{grad}\ r) = \dfrac{2}{r}, \mathrm{div}(\mathbf{grad}\ r)\Big|_{(1,-2,2)} = \dfrac{2}{3}.$

例 3 (2018 年) 设 $\boldsymbol{F}(x,y,z) = xy\boldsymbol{i} - yz\boldsymbol{j} + zx\boldsymbol{k}$,则 $\mathbf{rot}\ \boldsymbol{F}(1,1,0) = $ _____.

【答案】 $\boldsymbol{i} - \boldsymbol{k}$

【分析】 由旋度计算公式得

$$\mathbf{rot}\ \boldsymbol{F}(x,y,z) = \begin{vmatrix} \boldsymbol{i} & \boldsymbol{j} & \boldsymbol{k} \\ \dfrac{\partial}{\partial x} & \dfrac{\partial}{\partial y} & \dfrac{\partial}{\partial z} \\ xy & -yz & zx \end{vmatrix} = y\boldsymbol{i} - z\boldsymbol{j} - x\boldsymbol{k},$$

所以,$\mathbf{rot}\ \boldsymbol{F}(1,1,0) = \boldsymbol{i} - \boldsymbol{k}.$

练习题

1. (1989 年) 向量场 $\boldsymbol{u}(x,y,z) = xy^2\boldsymbol{i} + ye^z\boldsymbol{j} + x\ln(1+z^2)\boldsymbol{k}$ 在点 $P(1,1,0)$ 处的散度 $\mathrm{div}\ \boldsymbol{u} = $ _____.

2. (1993 年) 设数量场 $u = \ln\sqrt{x^2+y^2+z^2}$,则 $\mathrm{div}(\mathbf{grad}\ u) = $ _____.

3. (2016 年) 向量场 $\boldsymbol{A}(x,y,z) = (x+y+z)\boldsymbol{i} + xy\boldsymbol{j} + z\boldsymbol{k}$ 的旋度 $\mathbf{rot}\ \boldsymbol{A} = $ _____.

答案

1. 2; 2. $\dfrac{1}{x^2+y^2+z^2}$; 3. $\boldsymbol{j} + (y-1)\boldsymbol{k}.$